将来的你，一定感谢现在拼命的自己

宋璐璐 编著

北方妇女儿童出版社
·长春·

图书在版编目（CIP）数据

将来的你，一定感谢现在拼命的自己 / 宋璐璐编著
. -- 长春：北方妇女儿童出版社，2019. 11（2023. 5重印）
ISBN 978-7-5585-3282-5

Ⅰ. ①将 … Ⅱ. ①宋 … Ⅲ. ①成功心理-通俗读物
Ⅳ. ①B848. 4-49

中国版本图书馆 CIP 数据核字（2018）第 292653 号

将来的你，一定感谢现在拼命的自己

JIANGLAI DE NI YIDING GANXIE XIANZAI PINMING DE ZIJI

出 版 人：师晓晖
策 划 人：师晓晖
责任编辑：关　巍
开　　本：880mm×1230mm　1/32
印　　张：6
字　　数：120 千字
版　　次：2019 年 11 月第 1 版
印　　次：2023 年 5 月第 2 次印刷
印　　刷：旭辉印务（天津）有限公司
出　　版：北方妇女儿童出版社
发　　行：北方妇女儿童出版社
地　　址：长春市龙腾国际出版大厦
电　　话：总编办：0431-81629600
　　　　　发行科：0431-81629633

定　　价：32. 00 元

preface 前言

现在的你，是什么样子的？

或许，你正安守在一座小城，日复一日地上班、下班；或许，你正在一座陌生的大城市里埋头苦干，拼命的样子让人心疼……

无论你在过着怎样的生活，只要是努力的、认真的，那都是值得嘉许的。所有的不甘平凡，所有的奋不顾身，所有的义无反顾，所有的为生活燃尽生命的样子，都是最美的。

梦想不怕遥不可及，只怕不曾全力以赴。我们都曾因梦想而热血沸腾，但热血往往抵不过现实的凄风冷雨。多少人却步了，只因大雨倾盆，前路漫漫。

我们终要知道，在奋斗的路上，不会一直清风朗朗，总要栉风沐雨，才能抵达远方。在奋斗的路上，我们都是单枪匹马，我们总要试着去做自己的千军万马，昂首阔步，勇往直前，哪怕头破血流，也要凯旋，做自己的英雄。

想要闪耀，就不能惧怕风雨，谁的人生不是一路荆棘、一路磨难，不要担心努力会徒劳无功，所有的脚印都会留下痕迹，照耀前进的路。

即使跌跌撞撞，也要活得轰轰烈烈，不要相信安逸会伴随你一生。世上从没有真正的安逸，只有努力向前，才能一步一步走出安逸。

人生是自己的，不要等到白发苍苍，才悔之晚矣。人生如棋，落子无悔。所以你走的每一步都必须反复思量，不要让将来的你徒留悔恨和遗憾。

现在的你，是否足够努力了？

有时候，或许我们还要更努力一些，“拼命”虽然是个“狰狞”的词，但现在不拼，未来可能就要落寞地谢幕了。

你想象得出你未来的样子吗？

未来的你是讨厌现在的你，讨厌你的得过且过、碌碌无为，还是感激现在的你，感谢你的无所畏惧、一往无前？

努力吧！别问为什么努力，因为我们每个人都知道答案。愿每一个生命都如花，在最好的时光里绽放，摇曳生姿，美好一生。

目录

contents

第一章

别问为什么努力，你心里没数吗

第二章

拼命是个“狰狞”的词，但不拼真不行

第一章

别问为什么努力，你心里没数吗

为什么努力，其实答案都是一样的

为什么要努力？

为钱、为房子、为车、为自己、为家庭……

别说这些俗气，这就是生活。

生活是由物质和精神组成的，物质要有，精神也要有。

为什么努力，其实答案几乎都是一样的，就是想要过得比原来好一点儿，想让自己变得更好、更优秀一些。

表弟阿俊在我最初的印象中是一个不太上进的男孩。

小学时，他特别调皮捣蛋，总喜欢在上课时搞小动作，因此屡屡被老师训斥。

中学时，他严重偏科，数学、物理、化学几门功课还差强人意，但语文总是不及格。虽然明知自己语文很差，需要格外认真听讲，但他就喜欢在语文课上睡觉，这让老师很头疼。

中考时，因为成绩不理想，他只能复读一年，第二年才勉强考进了重点高中。

高中三年，他在学习上也没有太用心，还经常逃课去网吧，虽然被父母和老师警告了几次，但依旧三心二意，最后，勉强考入一所三本大学。

大学四年，阿俊过得更加逍遥。还记得他上大二时，我曾问他："你大学生活过得怎么样？"

他笑着说："早上睡到自然醒，打牌、上网、玩游戏，很惬意。"

我听了很担忧，又说："这样玩儿不好吧，你还是需要在学习上用点儿心的。"

他听了摇摇头，说："你真啰唆。"

我当时也不想再多说什么了，我比表弟早几年进入社会，对于生活的艰辛自然是多有体会，我知道表弟还年轻，所以不能理解努力的意义。

有时候，说再多都是无用的，只有让他自己去经历、去体会，他才能看清生活的真相，才能懂得为什么要努力。

阿俊大学毕业后去了深圳，他面试了很多工作，最后做了一名保险推销员。阿俊做了五个月，因为业绩不佳，所以工资很少。除去交房租、付水电费和饭钱，剩下的钱连给自己买身新衣服都不够。

做了一年保险推销员，阿俊灰心了，他听朋友说房地产挣钱，于是又转去卖房了。

最初三个月，阿俊一套房都没有卖出去，微薄的底薪让阿俊的生活异常艰苦。他说，那时他住在不见阳光的简陋出租屋里，每日挤着人挨人的公交车，甚至连喜欢的女孩都不敢追，因为没有钱约会。他内心很苦闷，觉得现实残酷、生活太苦，但除了坚持，除了去拼，别无他法。

他向哥们儿抱怨生活，但他渐渐发现，没有谁的生活是容易的。走出大学，步入社会，他才发现生活的重担是需要自己去扛的，人生的路是需要自己去奋斗的。曾经挥霍的青春，终究会令你遗憾、惋惜。

阿俊继续做着房产经纪人，站在大街上，顶着三十多度的大太阳发传单；骑着电动车，一个小区一个小区地带客户去看房。

他很累，但他知道自己必须向前跑，因为向前跑的每一步，都是为了让自己变得更好。生活有时候是不允许你原地踏步的，即使看不清前路，即使觉得前路迷茫，我们依然要向前跑，只有奋力奔跑的人，才能看到灿烂的未来。

一年、两年、三年，阿俊在房产经纪人的路上一步步走着，工资越来越高，人脉也越来越广。他换了出租房，交了女朋友，也明白了努力的意义。

一年前，阿俊又跳槽去了一家外国房产公司，因为销售的是外国房产，阿俊必须了解各国的风土人情和市场经济。整整大半年，阿俊都在晚上刻苦用功，他开玩笑地说："我高考都没这么用功过。"

当然，一切辛苦都是值得的，阿俊在新公司的业绩一天比一天好，不仅工资涨了几倍，视野也开阔了。

最近见阿俊，他说他已经报班开始补习英语了，看着西装革履、戴着眼镜的阿俊，我那时恍惚了一下，突然发现我记忆中那个调皮捣蛋、不求上进的阿俊变了。我知道是生活让他变了模样，不只是他，我们每一个人都会因生活而改变，生活会让我们成长，会让我们慢慢理解努力的意义。

只有不断地去努力，我们才能成为最好的自己，那个优秀的、无可取代的自己。

只有不断地去努力，我们才能活得比原来的那个自己更好一点儿。

只有不断地去努力，我们才能挣脱只有泪水和抱怨的生活。

去努力吧！为自己，为家人，为所有你热爱的和那些值得为之奋斗的梦想与期许。要相信，只要我们奔跑起来，我们就能拥有最美的未来。

不努力，你的人生就只能有一种选择

生活中总能听到这样的话：

“我没有选择啊！”

“不接受也得接受啊，还能怎么样！”

“唉！当初要是拼一下就好了。”

……

满含辛酸却又无可奈何，牢骚满腹却又束手无策，这是很多人生活的状态。

为什么有些人的生活会如此呢？

我想，主要是因为他们不够努力，所以在现实面前，只能退而求其次，只能有一种选择。

1

池姑娘是我的高中同学，印象中的她，爱美、爱干净，只是对学习不太感兴趣。

池姑娘的数学和英语每次都勉强及格，不过她的语文还不错，作文经常被当作范文。

因为在语文方面有天赋，池姑娘也受到了班主任的特别重视，班主任自然希望她能全面发展，在数学和英语上多下功夫。

起初，池姑娘受到了老师的鼓励，心里燃起了一点儿斗志，每天抱着英语单词册子嘟嘟囔囔，谁看了都觉得十分刻苦。自习课上，她开始反复做数学题。

但池姑娘的斗志并没有维持多久，尤其是在之后的一次考试结束，池姑娘干脆恢复了之前的状态。其实，池姑娘是受到打击了，虽然她努力了十几天，但考试成绩出来后，数学和英语的分数几乎还和从前一样。

老师安慰她说："成绩是不可能那么快就提高上去的，需要一直努力才行。"但池姑娘终究是灰心了，她觉得无论怎样，她都是学不好数学和英语的，能维持及格就不错了。

我的想法和池姑娘不同，那时我的英语也不太好，但我知道想要考上好大学，每门课的成绩都不能太低。那时，我每天花费很多时间在英语上，背单词、做习题，甚至还买了辅导书，报了英语辅导班。

经过高二一年的努力，我的英语提高了十几分。而池姑娘呢，成绩一直是那样，不上不下。

高三那年，我们整个班都处于冲刺状态，尤其是下半学期，每月一次的模拟考让我们的神经异常紧绷。最让我们在意的其实是当时的成绩排名，看着自己的成绩上来下去，我们的心也跟着七上八下。当时池姑娘的成绩一直在中游，老师找她谈过，说她如果再努力一些（只要英语和数学的分数再提高一些），考个二本没问题。

虽然老师苦口婆心，但池姑娘没听进去，她最后考了一个三本大学。大学时期，她也没有多么用心。毕业后，她四处面试，大型企业她根本进不去，只能找一些小企业投简历，结果常常是石沉大海。最后，她进了一家只有十几个人的小公司，公司待遇并不是很好，甚至连基本的社会保障都没有，但她没有选择，因为能找到一份工作已经很不容易了。

有多少人和池姑娘一样呢？并不满意现在的公司和工作，但没有选择，因为以你的能力只能接受那样的工作。

想要挣脱，唯有努力。

只有努力，你才能掌握选择权和决定权。

2

姚姑娘是我的发小，她二十几岁就结了婚，老公是她的同事。虽然他不浪漫，也不富有，更算不上事业有成，但姚姑娘还是嫁了，因为觉得合适。

姚姑娘很清醒，她知道生活不是电视剧，不会凭空出现一个“高富帅”来爱上平凡的她，更不会出现霸道总裁爱上小职员的戏码。

事实上，她活了二十多年，就没看见过一个所谓的“高富帅”。虽然说爱情是自由的，恋人是可以随心选择的，我们的选择看似很多，但其实又有限制，也要看匹不匹配。

姚姑娘和老公都是公司的小职员，虽然工资不高不低，但二人都十分满足。

公司的一个同事上夜校，姚姑娘就说：“好拼命啊！我可做不到。”

知道朋友一边工作一边学其他东西，姚姑娘就说：“你那样也太累了。”

后来，那个朋友自主创业了，小生意做得有声有色。同事跳槽了，去了一家待遇更好、薪水更多的公司。

姚姑娘和朋友去逛街，她从不敢大手大脚地买衣服，即使很喜欢，也会一再纠结于价格，而她的朋友却可以随心所欲地买，因为人家负担得起。

姚姑娘和老公结婚时买的是一套一居室的小房子，去年他们的孩子出生了，就想着换一套两居室。

姚姑娘和老公跑了很多地方，看了很多房子，结果发现他们根本承受不了其价格。

选来选去，他们只能一再放低标准。位置不用很好，离上班地点远也没关系，只要能省几万就行；房子设计不好也没关系，能住就行；小区老旧也行……

最后，他们卖了住的房子，换了一栋位置偏远，而且小区年头有些久的房子。姚姑娘有时会和我抱怨："每天上班都要走很久，累死了。唉！但有什么办法呢，买不起别的房子啊！"

是的，没有足够的资本就无法享受更优越的生活，只能退而求其次。

虽然我们总是强调"知足常乐"，但该有的奋斗还得有，如果你不想永远在选择面前退而求其次，那么你就得奋斗。

3

近两年，我越发努力了，没有人逼我，是我自己想这样活。

我不想这一生只走一条单行线，一辈子只能有一种选择。我希望我能掌握选择的主动权，喜欢就买，不用纠结于价格；累了就停下，来一场说走就走的旅行；想做某件事就去做，不用担心失败了会一无所有；不喜欢的公司说辞就辞，不怕没有地方收留。

在简书、豆瓣、公众号和专栏上写作，日复一日，不敢松懈。在某些朋友眼中，我可能比较幸运，因为得到了很多人的喜欢，但哪有成功是一蹴而就的呢？不付出又怎能有收获呢？这些道理我们其实都知道，只是有些人喜欢装糊涂罢了，一面羡慕着你的成功，一面又不愿意像你一样努力，然后还来抱怨生活质量太差。

有些人宁愿相信我是天赋异禀，所以第一篇文章就崭露头角，第一部小说就畅销各大平台，第一个公众号就收粉无数。

但事实是，我真的没有什么天赋，更别提天赋异禀，因为从小到大，没有一个老师说过我有当作家的天赋。我只知道，我喜欢读书，然后便看了几百本书，不大的书柜早已塞满了各种类型的书；喜欢写作，于是每日练笔，写得不好就撕掉，一篇又一篇，直到自己满意为止。

看《奇葩说》的时候，对傅首尔印象特别深刻，她的那句话我至今记忆犹新："我努力的晚了点儿，所以我妈买任何东西都要看价格，我的儿子乖得不像个正常人类。"

这句话确实戳中了我的心，所以我更加努力了。我很喜欢现在的状态，因为自由，因为有更多的选择。我早已过了被工作选择的时期，或许生活依然有无可奈何和迫不得已的时候，但至少有些时候我是不用退而求其次的。

作家龙应台有一段话说得很好，她说：

"孩子，我要求你用功读书，不是因为我要你跟别人比成绩，而是因为，我希望你将来会拥有选择的权利，选择有意义、有时间的工作，而不是被迫谋生。当你的工作在你心中有意义，你就有成就感。当你的工作给你时间，不剥夺你的生活，你就有尊严。成就感和尊严，会给你快乐。"

我想，如果我们真的理解了这段话，那么就能理解为什么我们要努力了。

人生之路还是很漫长的，千万不要让自己只有一条路可走。我们要努力拓宽我们的道路，那样即使一条路走不通了，我们还能调整方向，去走另一条路。

有委屈也得忍，因为你还不够强大

当你走过懵懂的岁月，走出校园，便进入了自己也不了解的社会，这个社会不会容忍你的任性，不会对你温柔以待，可能还会让你饱受委屈、受尽欺辱，但有委屈也得忍，因为你还不够强大。

1

大约五年前，小唯和我坐在烧烤摊上，吃着烤串，喝着啤酒。酒喝了一杯又一杯，小唯有些醉了，心里所有的难过也都一股脑儿地说了出来。

那年，小唯大学毕业没多久，在一家知名企业做小职员。作为一个职场新人，辛苦自然是要受的，当然也免不了挨训。

小唯一边哭一边说：“什么破公司，就知道欺负新人，上司仗着比我早进入公司几年，每天让我端茶倒水，还对我颐指气使，什么琐碎的工作都交给我来做，复印资料、整理资料，没完没了。我天天忙得团团转，这他还不满意，对我的工作挑三拣四，一个表格也能给你找出好多毛病，生怕别人不知道他是我上司。最过分的是，当着其他同事的面就数落我，一点儿面子都不给我留。”

我听着小唯的哭诉，知道小唯受了委屈，但有几个职场新人不是这么过来的呢？于是我说：“当年我的第一份工作也真心烦人，主编哪管你的面子，直接就将稿子摔在你的办公桌上，毫不客气地说：‘你看你给我的稿子，这能看吗？一大堆毛病，下次你再给我这样的稿子，就直接走人。’虽然我被骂得很想哭，但心里更难受的是，我必须承认一点，那就是我还不行，所以挨骂也不该感到委屈，除了努力让自己变得强大，我别无他法。”

小唯问我：“你就没有想过辞职吗？”

我说：“自然想过，只是后来我也想到，辞职又能怎样呢？以我当时的能力，就算去了其他公司，也是要被别人挑三拣四的，能力不行，到哪里都是一样的。所以，在很长一段时间内，我默默忍受着主编的各种训斥，承受着残酷职场给我的一个又一个教训，直到我终于站到和主编同等的位置。现在，没有人会大声和我说话，周围都是客客气气的声音。我也注意到，公司的一些实习生和你现在很像，薪水不高，但杂事不少，委屈自然也会遇到，然而职场就是这样的，弱肉强食，适者生存。”

小唯听我说完，没有再说什么，继续喝着酒，只是不再哭了。

之后的几年，小唯走得很稳健，每次见她，都感觉她的气场不一样了。今天的小唯，已经是公司大多数人都不敢惹的主管了，面对做不好工作的实习生，她也变得不留情面，每一句话都够狠、够尖锐。我曾问她：“你就不怕他们哭啊？”小唯说：“哭才能成长啊！这不是你告诉我的吗？”

好吧，我承认，是我造就了一个职场女魔头。不过，社会这么现实，女魔头总比小菜鸟好吧！

2

我认识一位女演员，在这里我姑且叫她小白。小白在娱乐圈摸爬滚打了几年，也认识了一些导演和制片人。有一次，一部投资很大且主演都是知名演员的电视剧选角色，她参与了试镜，后来被告知可以出演女二号。

小白很兴奋，因为她知道，这部剧一定会大火，所以作为女二号自然也能提高知名度。不过就在开机前一个月，她突然被告知她被替换了，她很委屈，也很不甘，于是去找导演理论，结果导演无奈地告诉她，是投资人觉得她没有什么名气，所以找了另一个正火的演员换掉了她。导演说他也没办法，因为投资人才是老大。

小白难过了很长一段时间，经纪人给她安排工作，她也是推三阻四。她还和经纪人抱怨说："你安排的工作有什么用，节目都不受关注，我去参加也没人认识我，大家最关心的还是大明星的节目。"

经纪人说："你说得没错，观众自然是喜欢明星大腕，那你就努力也成为大腕呗！到时候看谁还能说换就换掉你。"

小白说："说得容易，怎么做到啊？"

经纪人说："你知道 XX 吧，她当年也默默无闻，而且长得也不是特别出众，但她却通过一个个小角色磨炼了演技，最后终于在一部电视剧中一鸣惊人。现在的演艺界，谁不说她演技好，现在根本轮不到剧本挑她，都是她挑剧本。你再看看你自己，长得比她漂亮吧，现在咱们不就差无可挑剔的演技吗？只要你用心演戏，早晚会一鸣惊人的。”

经纪人的话让小白彻悟，自此以后，她不挑角色，也不在乎是女二还是女三，她都认认真真地演戏。不拍戏的时候，她就拜访老前辈，请他们指导演技。

几年过去了，小白的演技早已炉火纯青，她也早已被观众熟知，虽然还没有争取到女一号的角色，但已经是稳稳的女二号了。

在光鲜亮丽的背后，都是努力的汗水和无数的寂寞。没有人天生就幸运，只有日复一日地打磨弱小的自己，最后才能变得光彩夺目。

这世界或许有些残酷，甚至还有些功利，但就算受了委屈，也请先暂且忍耐。努力去使自己变强，那么世界也会对你友善起来。

现实会告诉你为什么要努力

她个子高挑，五官精致，家庭条件优裕。作为她的发小，我一直很羡慕她，也很憧憬她的生活。

有一次卧谈，她对我说："从懵懵懂懂到大学毕业，我一直没有努力过。努力的真实感受是什么？努力对自己的人生旅途有什么意义？我从未思考过如此深奥的问题。从踏进校门开始，我的学习成绩在班级一直处于中等水平，我的学习生活过得很安逸，学习的压力和焦虑对一个学生来说是什么感觉，我从未体会过。这样浑浑噩噩的状态一直持续到大学。大学的生活过得也很舒坦，远离了父母的唠叨，过得自由自在、潇洒自如。时间如流水，四年大学时光恍然而过。大学校园中，有什么值得我怀念的，我不知道。"

她意味深长的一番话，让我不知如何回应。从未在她的脸上看到过迷茫，从未见她对过去的生活做过如此深刻的反思。

但我羡慕她从小到大自由自在的生活，没有父母给的压力，才让她在过去的日子里轻松地度过。但她一直把这些都归功于哥哥的庇护，就是因为有一个各方面都优秀的哥哥，才让她可以在不易的生活中有一个休息的空间。

我也羡慕她家优越的经济条件，从小到大没有一刻为吃穿忧心过，但她并没有为此而感到愉悦。如今的她满脸忧愁，和每个人的聊天内容，总是围绕着她过去枯燥无味的学习生活，以及对未来生活的迷茫。她现在看着自己一直以来平平庸庸的成绩，开始感到懊悔和烦恼，恨自己醒悟得太晚。从小到大她不愿意奋斗，然而到大学毕业进入职场，才清醒地意识到自己没有一技之长。在网上投了海量的简历，最后得到反馈的却寥寥无几。给她发面试通知的都是一些规模小、福利待遇又令她不满意的小公司。

即使不是她心中满意的公司，她也不想放弃，决定去试试，但面试官犀利尖锐的问题让她目瞪口呆。有关工作相关的知识，她一无所知；有关工作能力，她无一技之长。既没有较好的口才，也没有提笔就是诗的写作能力。面试官看着她求职简历上奖项荣誉和校园活动栏都是空白时，只有吃惊的表情，最后只能委婉地拒绝她。

在几次面试中她处处碰壁，最后以失败告终。她像一个失去灵魂的躯壳，认为白白浪费了那最美好的二十年的时光。

处于迷茫中的她，不知道该如何做，她开始到处请教老师和同学，把上学时该有的学习态度都用上，希望他们能教她一些避免失败的方法。然而，学生时代的不努力成了她现在人生路上最大的阻碍。早年间不努力欠下的债，最终还是要还的。

此刻，她仿佛进入了一个无垠的沙漠，找不到出去的方向。她几乎绝望了。

对于每个人来说，过去无法弥补的错误与现在难以实现的目标相比，更让人感到心有余而力不足。过去二十年，她无忧无虑、轻轻松松地度过，从来不知道原来人的一生需要不断去拼搏和奋斗。

她此刻是迷茫的，就像进入了一片森林，迷了路，想找到出去的方向，可这迷茫来得太突然，让她来不及辨别出去的方向。

然而，残酷的现实生活终会教你如何努力。

经过深刻的反思，吸取了求职过程中的教训，她决定从头再来，弥补过去失去的一切，重新学习过去荒废的学业。

她花了两年多的时间，在学习专业知识的同时，也在认真备考自己心仪的事业单位。在学习之余，她健身锻炼，消磨学习过程中的疲惫。功夫不负有心人，她成功了。成功之后的她更加努力，和之前判若两人，变得斗志昂扬、激情满怀，让任何人看了都会相信："努力会让人变得更好，你真心对待生活，生活会对你更好。"

在她下决定之前，她曾发过誓，如果她成功地完成了自己的目标，她一定会去弥补过去二十年虚度的光阴。她认为，过去从来不知道努力是什么，现在发现人还是要对自己残忍一些，不应该在最该奋斗的年华里过得太舒服，必须通过努力奋斗来做一件感动自己的大事。

她这两年的刻苦和努力，我作为她的好朋友，全都看在眼里。一次，她胃痛，我陪她去看医生，因为要等一段时间才能到她，她就拿出自己随身带的小本子，复习里面的知识，将身心全部投入到学习中。

我认为这样努力有些夸张，但她真诚地说："如果我过去像你们一样好好学习的话，如今底子也不会那么差，今日也不会这般用功。”

“可是，三百六十行，行行出状元，很多学习成绩不好的人，也发现了属于自己的一片天地。”我安慰她说。

她微微一笑，说：“如果你甘于平庸，那生活中遇到的许多事，就不会让人如此痛苦。拿过去的我来说，我肯定不在乎职位的高低与薪水的多少，照样可以安逸地生活。但现在的我不甘于平庸，我想要变得优秀，可惜这样的意识来得太晚，所以我必须要竭尽全力，更加努力。”

她说，过去的二十年里，她学习没压力，生活不犯愁，不贪玩、不犯错，那些出格的事一件也没有做过，是老师和父母口中的乖学生。就是因为这样，父母对她放心，学习上也没有更高的要求，把希望全都寄托在她哥哥的身上，在哥哥的庇护下，她学习没有压力，只要每天按时去上课就好。对自己差强人意的成绩，她从未有过焦虑，一切以顺其自然的态度对待。

她过去总认为，“奋斗”离自己很遥远，“努力”与自己无关，可当在求职中处处碰壁之后，她才意识到，如果她的人生就这样下去，将没有与别人抗衡的能力，终会被这个竞争激烈的社会所淘汰。因此，她开始给自己制造困境，让自己在困境中激发学习的潜能。在开始做决定的时候，很多人对她投来质疑的眼神。

学起于思，思源于疑。“质疑”能激发一个人的斗志。她拼命的样子让质疑她的人大吃一惊。当知道自己考上事业单位的那一刻，她喜极而泣，从未感到那样的开心和激动。

第一次知道努力奋斗带来的快乐，也清楚地发现了自己骨子里被掩盖的毅力。现在和她对谈，她脸上的自信、对工作和生活的热爱、自豪的神态、优雅的气质，确实和过去大有不同，整个人焕然一新。现在，她有了稳定的事业，工作和生活都安排得井井有条，终于活成了自己想要的样子。

她说：“当你开始反思自己人生的那一刻，就已经朝着成功的大门迈进了，只要决定开始，并持之以恒，任何时候都不晚。不要安于现状，要努力活出自己想要的样子，多一点儿努力。不要在意别人的眼光，相信自己，你就是夜空中最亮的一颗星。”

任何时候，都别给人生设限

每个人都有变好、变强大的机会，别给自己的人生设限，任何时候努力都不晚，只要开始就好。更不要不相信自己的能力，你之所以能成功，是因为相信。只要不放弃努力，任何事情都会有转机。给自己一个成功的机会，勇敢并努力吧！

前段时间公司来了两个新媒体实习生，没过多久，领导给其中的一个小姑娘安排了一项任务。可能由于刚毕业经验匮乏，所以领导的话音刚落，姑娘就直接回绝："不好意思啊，姚总监，这个工作我之前没有接触过，做不了。"领导听完若有所思，姑娘现在的表现和面试那会儿信誓旦旦、胸有成竹的样子简直判若两人。不过既然被一口回绝，领导也没有再多说什么，而是把这个任务交给了另一个小姑娘。这个姑娘接到任务之后，略加思忖，然后郑重其事地说："明天上班之后我一定第一时间把写好的内容发给您。”领导听后满意地点了点头。

然而，据我所知，后一个姑娘的经验并不比前一个姑娘多，她之前也没有接触过类似的工作，而且她入职的时间还没有前一个姑娘早呢！两个站在同一水平线上的实习生给出了两种截然不同的回应。

在接下来的时间里，后一个姑娘拼命投入到工作当中，她开始上网查阅资料，然后虚心请教有经验的同事。说到关键之处，她一边小鸡啄米似的点头回应，一边还不停地做着笔记。为了更好地完成领导交给的任务，姑娘加班到很晚才回家。

果然，机会总是留给那些有勇气迎接挑战的人的。从那以后，后一个姑娘受到领导格外的重视，有什么优先的机会也都会考虑到她，当然那个姑娘的晋升之路也非常顺遂。

人生就是一个不断升级打怪的过程。尤其在竞争激烈、适者生存的残酷职场上更需要你打起十二分的精神，与一个个的怪兽斗智斗勇，打通全关，站稳脚跟。如果一碰到困难就像那个只会说“我不会”的姑娘一样，那么你一定会被生活虐得体无完肤。

在职场上，“我没文凭/没能力/没技术/不聪明，所以我不会”这类怯懦的话一定不要说。领导招聘你就是让你给公司创造价值，如果你这也不会，那也不行，而且还很玻璃心，那么久而久之，你一定会被职场所淘汰，因为任何一个公司都是以盈利为目的的，每个人需要在有限的时间里尽可能多地创造价值，很少有人会像父母教你学说话、学走路那般不厌其烦。

如果你只是一味地顾影自怜、胆小怯懦，不舍得挥洒汗水自我蜕变，不屑于虚心求教提升自我，那么自然会有更有能力的人接替你的位置。到时候，一事无成的你不仅无法过上衣食无忧的生活，而且你的个人尊严也会变得一文不值。

反之，如果你敢于跳出舒适区，不为自己的性别设限，不肯向生活中的困难低头，大胆遵从自己内心的选择，然后像实干家那样撸起袖子拼命干，那么一定能活出一个明媚的人生。

在日本有一个叫纯子的老奶奶，已经 80 多岁了。这位从小经营家族餐馆的老人一直有一个关于音乐的梦想，虽然多年来生活的琐碎使她的梦想逐渐蒙尘，不过栖息在心底的那份对音乐的热情始终未曾熄灭。为了在有生之年一偿夙愿，不留遗憾，她在 70 岁的时候决定开始打碟。随着每天的勤学苦练，纯子奶奶的技术越发娴熟，后来形成了自己独特的风格。

有人说，付出才有回报，老天不会亏待任何一个努力的人。果不其然，纯子奶奶不计得失的付出得到了老天的垂怜和眷顾，她收获了很多酒吧的关注和演出邀请。后来又变成了大家眼中的 DJ 女王，10 厘米的厚底鞋、时髦的墨镜、惹眼的红唇成为她的标配，再后来她参加了新西兰的音乐节，接受过“Billboard（《公告牌》）”的特别报道，甚至连 BBC、CNN 都为她拍过纪录片。

纯子奶奶说：“我虽然知道自己已经 82 岁了，但我从未思考过，在我这样的年纪什么是能做的、什么是不能做的。身为一名 DJ，我彻底忘却了自己有多老，剩下的只有自由的感觉。”

是啊，这位老人说得多好。不管人生到了哪个阶段，都不要给自己设限，不去介意别人异样的目光，不否定自己，不给自己的心灵套上枷锁，只管认真做自己喜欢做的事情，那么你一定能在人生的舞台上光芒万丈。

第二章

拼命是个“狰狞”的词，但不拼真不行

不做“富二代”，只做“拼一代”

大一报到那天，琪琪的妈妈安置好琪琪的一切，竭尽诚意地对我和其他两个室友说：“你们以后要多多照顾我们家琪琪，琪琪从小就被我当公主养，十几年从未离开过我身边，突然一个人要在外地上学，我这心里还真不放心。拜托你们好好照顾她，以后阿姨请你们吃饭。”

琪琪来自上海，家庭条件宽裕，是个名副其实的“富二代”，父母的掌上明珠。娇生惯养的她没有主动做事的意识，许多事都不会做。

一次宿管查寝，大家中午下课以后急匆匆地回到宿舍，忙忙碌碌地打扫宿舍，唯独琪琪不慌不忙地和朋友吃完饭才回到寝室。偶然间，琪琪听到了另外两个室友的对话：“自己是富二代就什么事都让别人替她做，以为这里是自己的家啊，什么也不会做，家里没钱了，分分钟饿死。”

殊不知，琪琪虽然身为“富二代”，却十分要强，听到室友的对话，她感觉自己真的是一无是处。她自知“富二代”的头衔是父母给的，之所以被室友背地里数落，也是自己真的没能力的缘由，这怪不得别人。那一刻，她决定转变这一切。

自那以后，犹如一张白纸似的琪琪对自己的人生做了详细的规划。大学期间除了认真刻苦学好专业课，她还参加了各种各样的社团活动提高自己的组织能力和沟通能力，并且周末还会去做兼职体会挣钱的不易。大学四年她不仅学习成绩优异，课余生活也安排得井井有条。

大学毕业以后，琪琪的父母希望琪琪回去继承家业，琪琪违背父母的意愿，决定通过自己的努力，做一些自己喜欢的事。然而琪琪选择了梦想也就意味着选择了艰辛。

从小喜欢漂亮衣服的琪琪想做服装设计，但要从事服装设计，不仅要有艺术天赋和绘画能力，而且还要时时关注市场的潮流，具有创新思维。

在服装设计方面零基础的琪琪，花了一年多的时间，学素描、CAD、专业服装设计绘图软件等。学有所获，琪琪通过夜以继日地努力，终于完成了自己的第一个设计图。她胸有成竹地交给领导，领导让琪琪说出她的设计特色和理念时，琪琪哑口无言，因为她只是把自己认为很好看的两件衣服的样式结构拼凑在一起而已，设计理念和特色她并不知道。当时琪琪瞬间明白，原来她之前看到漂亮的衣服，只会夸好看，从来没有思考过衣服的设计理念和特色，就算看过再多服装杂志，但在服装设计方面她真的是外行。

每个周末，琪琪都会拉我一起去逛各个服装店，她不买衣服，只是把当季的新款和热销的衣服拍下来，回去自己研究，推敲它们的设计理念、颜色搭配、布料选择。闲暇时间，她还翻阅了各种服装杂志。就这样持续了大半年的时间，琪琪终于掌握了服装设计的构思和理念、布料的选择、颜色的搭配这一系列的问题。

只要坚持，终会得到你想要的。琪琪的第一个设计作品取得了令人满意的成绩，成为当季的热卖款。

我说："你这么坚持的意义是什么？"

琪琪从容地说："开始的初衷只是想证明我不是别人眼中什么都不会的富二代，但在坚持的过程中，我才发现自己真的是有许多不会的东西。以前只知道买漂亮的衣服，却不知道一件漂亮衣服的背后有这么多汗水。所以选择一件自己喜欢的事情，努力坚持下去，在这个过程中你会学到许多东西。”

现在的琪琪是一名杰出的服装设计师，她设计的衣服是每季的爆款。她说：“努力的果实会让人上瘾的，当你尝到一点儿甜头，就会义无反顾地坚持下去，通过更大的努力来收获更大的成功。”

在我的工作和生活中，每当意志消沉的时候，我就会翻阅琪琪的朋友圈，看着她自己设计的那些衣服的样式，背后付出的艰辛可想而知。我就会深刻反思，比我富有、优秀的人都在努力，我有什么资格在这里矫情？

有很长一段时间没和琪琪联系了，也不知道她在忙什么，我好奇地点开琪琪的微信主页，她的个性签名是：“虽说生命是父母给的，但生命的精彩是自己创造的。”这大概就是琪琪现在的人生观吧。

我发消息问她：“琪琪，你最近在忙什么？”

琪琪说：“最近闭关，忙着准备一场时装秀。”

原来琪琪这段时间在国外忙着准备自己的时装秀，她设计的衣服很惊艳，掺杂着各种各样的时尚元素，时装秀很精彩，办得也很成功。

我不由自主地对琪琪说：“琪琪，你真的是太优秀了。”

琪琪对我说：“成功的背后都是一次次的咬牙坚持，每个出类拔萃的人，都为他现在的成就，付出了很多很多！”

听琪琪说完才知道，琪琪为了她人生中的第一场时装秀，花了很多精力，除了服装方面的精心准备，其他什么事她都要亲力亲为，做到万无一失，场地和模特的选择、灯光的设置、出场的顺序都要一遍又一遍地确认。

琪琪认为：“当你选择了梦想的那一刻，也就意味着你选择了艰辛。不要总是觉得为什么别人会轻而易举地得到你想要的，因为你看不到他们为之挥汗如雨的时刻，只知道此刻的他们很成功，却不知道他们多少次在深夜里痛哭，跌倒过多少次，伤口有多难看，他们熬过来了，才有了今天。”

她坚定地说：“当你看到我的那个城堡建好了，觉得好气派，心里觉得真是很幸运。不，一点儿都不幸运，这和‘开挂’没什么关系，只因为我吃的苦太多了，才配拥有这些奖赏，这些荣誉我担得起。”

所以，我们在生活中少问一些“凭什么”，多问“为什么”。先别埋怨“凭什么人家什么都有”，因为比你优秀的人还在挥汗如雨的时候，你却躺在床上玩手机。含着金钥匙出生的人是极少数的，如果大多数的人比你过得好，那他们一定比你付出的更多。

每一个人的精彩人生，都是在沉默中努力了很久才实现的。

别扯了，不努力你是不可能强大的

一个合租的室友得到家里的消息，父亲由于心脏病住院了。家里的事让她心神不定，导致工作中出现严重的失误，被领导辞退了。

我回到住处，看她满脸失落，听见她喃喃自语：“在这个世界上，没有人会像我这么倒霉了，为什么老天爷对我这么不公平，所有不好的事情都发生在我身上？”

了解清楚她的状况之后，我安慰她说：“人生难免会经历几个倒霉的日子，一切都会过去的，一切都会好起来的。”

看着她泪如雨下的样子，我知道没有经历过这样遭遇的人是体会不到此刻她心里的难过与委屈的。

回想过去的自己，人生道路并不是一帆风顺，工作、生活对我来说是一塌糊涂。但我有自己应对困境的法宝，每次遇到挫折，我都会说：“我这是在历劫，熬过这些劫难，一切都会朝着更好的方向发展。”

虽说起起落落才是人生的常态，但不努力的你不会起，只会落得更低，生活没有最糟，只有更糟。失败乃成功之母，但成功的前提是你得努力。生活不是经历了这次磨难，以后就事事顺遂。只有通过自己的努力改变现状，让自己强大起来，人生的霉运才会自动升级为好运。

俞灏明，2010年在剧组拍戏的过程中，因工作人员的操作失误，发生事故，导致全身39%的面积深二度烧伤，其中也包括面部毁容，这对于任何一个人来说都是难以承受的伤痛，更何况他是个事业正处于上升期的演员。二十岁出头的年轻人，不够成熟，也没有深厚的阅历，这已经是致命的打击。然而在他最脆弱无助的时候，爱人选择了离开。身心严重受创的他，人生已跌入谷底。

在那之后两年多的时间，他选择隐退娱乐圈，积极配合治疗，努力复健。在身体没有完全康复的情况下，成功地完成了他人生中的第一场演唱会。在电视剧《那年花开月正圆》里，他出色的演技令人惊艳，凭借这个角色入围了白玉兰最佳男配角。当时和他一起竞争的对手不是流量咖，而是何冰、倪大红、于和伟这样的老戏骨。

不要在人生的低谷期停留太久，努力往前走，终会看到黎明的曙光。

俞灏明在经历烧伤事故后，没有逃避那段人生的低谷期，而是张开双臂，迎难而上，努力改变现状，演技和歌唱水平的提高，让他在竞争激烈的娱乐圈站稳了脚跟。

但他是如何走过那段艰难的岁月，多少次在黑暗里抱头痛哭，谁又能知道呢？不是所有人都像他一样在受伤后能重新站起来，更不要说绝地反击，相信很多人会从此一蹶不振，或者一生都受困于创伤的阴影中。

各行各业经历挫折之后成功的人有很多，虽然他们曲折的人生故事丰富多彩，但他们摆脱困境、克服挫折的方法大多相似，就是重新站起来，努力改变。他们坚信人生的霉运不会自动升级，并不是经历的黑暗多了，就一定会迎来光明。

不要妄想时间会改变一切，也许时间会抚平你当时的心理创伤，但你不努力去改变，你接下来的人生只会更糟。

生命就是摔跤，跌倒了，重新站起来。不管在任何情况下，都要坚信，现在你所经历的每一个煎熬，都会让自己以后的人生发生质的改变，咬牙坚持，努力改变，黎明的曙光就在前方。

喜欢钱还会挣，这没什么错

钱不是万能的，但没钱是万万不能的。人人都喜欢钱，但不是每个人都像她一样会通过自己的努力去挣钱。

晶晶是一个生性好强、喜欢独立、爱面子的人。家庭条件富裕的她，本可以舒舒服服、衣食无忧地过好自己的余生。但她怕被家里的光环罩着，别人会忽视了自己可以独立生存的能力，更重要的是，她不想被贴上“啃老”标签。

她给自己的座右铭是：“自己挣的钱自己花，自己喜欢的东西自己买。”体验具有挑战性的生活，依靠自己的力量来遮风挡雨，不要在父母的大树下乘凉。

晶晶从事的是销售工作，为了提高销售业绩，增加工资提成，她在客户开发上非常努力，毫不松懈。

有一个客户是一位中年大姐，晶晶跟了她大半年的时间，但这位大姐就是不相信晶晶，不来公司，但也没有表现出完全拒绝的意思，于是晶晶就抱着侥幸的心理继续跟进着。

晶晶认为："你有钱，公司平台和产品质量都很好，为什么不做?"

晶晶的执着使得大姐最后跟她说了实话，原来大姐害怕合作有风险，造成自己的损失，不敢做。听了大姐的话，晶晶告诉她："就算不做，也可以了解一下，我们公司也不是强买强卖。"

大姐终于愿意来公司，晶晶非常激动，因为她在这个大姐身上确实投入了许多精力。那天晶晶和一个客户签完单以后，立马带大姐参观公司。大姐因为害怕损失，想要了解得很多，比如公司风控、老板资料、公司债券、签单合同，已合作过客户的信息等一系列的问题，或许很多人遇到这样的情况会不耐烦。但晶晶认为，客户提的问题多并不可怕，至少可以知道她的需求点和突破点，可怕的是什么也不问，什么也不说，根本不知道从哪里入手。晶晶认真地回答了所有的问题，解决了大姐所有的顾虑，最后终于顺利地签单了。

当公司同事夸晶晶很厉害，成功地拿下了一个大客户时，晶晶心里在想：我对待客户所有的热情和执着,还不都是为了钱？

一提到钱，可能很多人会面露鄙夷：俗，太物质！

在这个经济迅速发展、物价逐渐上涨的社会，谁不喜欢钱？况且自己挣钱，堂堂正正，没必要遮遮掩掩的。虽说一直被灌输着要有精神追求，不要太物质，可是没有面包，哪有力气去享受精神追求带来的快乐？如果你年纪轻轻，什么成就也没有，就没有追求物质享受的资格。

晶晶的大学课余生活本来可以像其他女孩一样，穿上漂亮的裙子，去约会，去逛街，过得安逸舒适。但她选择了做兼职，每天发传单和去各大超市做促销，学习销售技巧，为以后从事销售工作铺路。

或许不了解晶晶的人都认为她是一时的头脑发热，但我知道她坚持的初心是什么。同寝室中，晶晶每天第一个出门最后一个进门。每天繁忙的兼职生活让她忘记按时吃饭，以致患上了胃病，有次疼得在床上直哆嗦，这不是她娇生惯养的矫情，而是她真的很辛苦。

人人都喜欢钱，但不是每个人都像晶晶一样会努力挣钱。

虽然家境殷实，但靠着自己的努力，花着自己挣的钱，买着自己喜欢的东西，有着自己的房子和车子，过着人人都羡慕的生活。

我看过一个相亲节目，主持人问一个女嘉宾："你对另一半的要求是什么？"那个女嘉宾说："至少要有挣很多钱的能力，我想要什么他买什么。"我当时在想："你有手有脚，为什么不自己挣钱买想要的东西？"

《我的前半生》中罗子君的故事告诉我们，女人得有自己的事业，不能盲目地依附男人而活，我最喜欢里面的唐晶，因为她孜孜不倦地追求着物质上的独立。

现在是男女平等的社会，女性不一定非要做一个相夫教子的家庭主妇，就算不能养家糊口，但也得有自己的经济能力，自己动手，丰衣足食。

“毅力”这东西，能有总是好的

我高三的同桌阿兰，由于高考失败，所以与自己理想中的大学失之交臂。一直以来，她是老师和父母眼里的佼佼者，成绩优异，考个重点大学轻而易举。可命运就是捉弄人，在临近高考的时候她得了严重的感冒，加上时间紧迫，备考压力又大，她的头疼症状越发严重，进而导致患上脑神经衰弱的病症，最后在高考中失利。

报考志愿的那天，我问她：“你现在打算怎么办？我个人还是建议你本科报个普通院校，之后考研选择重点院校。”她淡淡地说：“我的家庭条件不允许我以后走考研这条路，我别无选择。”最后她放弃了填写志愿，选择复读。然而这无异于一场赌博。因为下一届的高中课程实行的是新课改，许多课程内容都发生了巨大的变化，对于她来说都要从头开始学习，但她坚信复读一年，她一定可以考上自己理想中的大学。

然而，那个看似艳阳高照的七月，她的农村老家却发生了水灾，她家的房子全部倒塌。由于家里急需用钱盖房子，便不让她复读了，而是让她去打工挣钱。就这样，我以为她已经放弃了考大学这条路，去打工了。

两年后的某一天，当我再次经过我的高中学校门口，看到高考光荣榜上阿兰的照片，心里一怔，怀疑我可能是眼花了，应该是和她长得像的人。当我激动地靠近那个照片，揉揉模糊的眼睛，看到上面真的是阿兰的名字。我当时又激动又震惊，阿兰没放弃，坚持与努力使她实现了自己的梦想。高兴之余，我想到了自己，我完全没有阿兰那样的毅力，更没有想过我的梦想是什么。阿兰朝着自己的梦想拼命努力、奋起直追的时候，我在这两年的时间里收获了什么，很明显，大多数的时间里，我在混日子。

阿兰的事已经成了我高中学校励志故事的典范，剪辑成视频在校门口的大屏幕上播放，我目不转睛地看着，眼睛渐渐地湿润了。视频中阿兰打工的同事告诉采访者："阿兰每天比其他人早起两小时，晚睡两小时，学习时间就是这样挤出来的。"原来阿兰在打工时，学习的脚步并没有停下，白天上班，晚上挑灯夜读，奋笔疾书。阿兰的故事告诉我们：就算再苦再累，只要有毅力，坚持下去，属于你的风景自会出现，顽强的毅力会驱走黑暗，让你攀上光明的高峰。

大学时的室友小雪，学的是舞蹈表演，每天早上六点起床，去排练室练习肢体的柔韧性。小雪每次练习回来，都会在笔记本上做记录，我很纳闷儿，练习柔韧性有什么好记的？小雪说："我每天都要记录自己的进步和不足，以便第二天坚持和改进。"有一次，小雪被一个剧组选中，参加一场舞蹈演出，班上几十个人，小雪是唯一入选的。

此后，小雪除了上课，剩下的时间都是在剧组训练，每天回到宿舍，小雪会把学习到的东西温习几遍，反复揣摩每个动作和眼神。闲暇的时候，还会在网上搜索那些舞蹈表演名人的视频，反复观看，仔细推敲他们的每一个动作，找到可以借鉴的地方，在练习中有技巧地运用。

一个学期以后，我有机会观看小雪参加的那场演出，那是一场盛大的舞蹈表演，每一个动作都美得让人窒息，看到小雪穿戴着精美的服饰，面带微笑，在舞台上翩翩起舞，我和室友们都看得目瞪口呆。演出很成功，得到了许多业内人士的赞扬。后来，小雪跟着剧组参加多个地方的巡演，成为我们宿舍最先且有能力在社会上站稳脚跟的人。

俗话说：“台上一分钟，台下十年功。”我始终相信，如果没有小雪日复一日的练习，她可能就没有被剧组选中的机会；如果没有进组半年的辛苦操练，也不会有后来舞台上的大放光彩。

见证了她的成长和蜕变，我才真正明白“正是因为有了坚强的意志力，才有了咬定青山不放松的英姿”这句话所蕴含的道理。

我关注了一个网名叫“一口气瘦成 80 斤”的微博用户，她是一个比较胖的女孩。有天，她发表了一篇日志，大概意思是因为胖向自己喜欢的人表白被拒绝了，所以下定决心减肥。接下来的每一天，她都在微博上分享着自己的运动情况、饮食情况、体重变化情况，从未间断过。一年的时间里，她减了 40 斤，照片对比真的很大，棱角分明的轮廓，竹竿似的腿，我满是羡慕。

人们都说“每一个胖子都是潜力股，瘦下来都是美女和帅哥”，我对这句话持怀疑态度，容貌是天生的，后天可以改变吗？现在我看着她的照片和体重的对比图，我对那句话深信不疑。或许在其他人看来，她只不过每天拍了几张照片而已，可她汗流浃背，遇到美食的诱惑选择避而远之时的煎熬，只有她自己知道。

过去某些时候，我会错误地认为“顽强的毅力和过分的坚持”是一种偏执和钻牛角尖的表现。如果你已经选择的那条路不好走，那就退回去选择另外一条。然而现在我明白，半途而废只会浪费更多的时间和精力，生活经验告诉我们，要想以后的生活变得更好，当下的每一步路都要好好走。

我坚信：顽强的毅力可以征服世界上的任何一座高峰，它会使我们的生活变得更美好。

你必须知道，你还不够好

不久之前，一位闺中好友找我诉苦，听她大吐苦水之后，我大概了解了她烦恼的由来：作为一个培训机构的老师，她三天两头就会因为各种各样的原因受到领导的批评。讲课带点儿口头禅，领导要求她注意；学生小胖的字迹歪歪扭扭，领导指责她监管不严；学生小明在最近的一次模拟考试中名次倒退，领导嫌她对该学生管理松懈；学生小雨和同桌在自习课上交头接耳，打扰其他同学，扰乱课堂纪律，领导在私下斥责她管理无方……

就这样，经过领导一次次劈头盖脸的指责和痛骂之后，闺密对老师这个职业渐渐产生了恐惧，而且在她心里，辞职的念头也由最初的萌芽状态发展到最后彻底扎下了根。讲到动情处，闺密甚至双眼噙满泪地说："学生考分下降和很多因素有关系啊！为什么他偏偏把责任都推到了我的头上？孩子们写作业不认真，课堂上没有纪律，我也无能为力啊，全班几十个学生呢，我怎么可能一下子管得过来？再说了，讲课嫌我有口头禅，让他看看哪个老师没有这些停顿呢！这是多么正常的事情，他为什么老是找我的碴儿呢？我现在听见他的脚步声就特别紧张，生怕一个不小心又挨批了！”

听了闺密的这些哭诉，我自是十分难过，得知她被领导虐成这样，心里也泛起了一阵同情。从前的闺密是多么活泼开朗的一个姑娘啊，现在被工作搞得愁眉苦脸，这领导是有多不懂怜香惜玉啊！就算他冷面无情，一心为了教学工作更好地开展，那他至少也应该懂得一些管理的方法吧，这样一通夹枪带炮的指责谁受得了呢？更何况这些指责针对的是一个自尊心很强、脸皮很薄的女教师呢！想到这儿，我不由得和闺密一起同仇敌忾，谴责起那位严苛的领导来。

经过一番宣泄和我的极力安慰后，闺密激动的心情渐渐平复下来。这时，我的脑海里出现一个理性的声音：闺密之所以有这样糟糕的经历，其实与她自身的教学能力也有很大的关系。管理好课堂秩序、督促学生认真完成作业、帮助学生提高成绩，本来就是一个辅导老师应尽的职责，如果自身的职业技能和管理技能不过关，那领导批评几句也是再正常不过的。毕竟领导聘你进来是为了让你创造价值的，而不是为了让你只领工资不干实事的。

想到这儿，我不禁想告诉闺密一个事实：“你必须知道，你还不够好。”尽管这样的劝告可能会惹得她再次伤心难过，但是这样扎心的真相还是有必要直言相告，否则她一旦沉沦在“我弱小，我可怜，我听不得批评”的狭隘认知中，那迟早是要毁了她的。真正的友谊不仅仅是能够锦上添花，更应该直言不讳，勇敢地指出对方的缺失和错误，这样才是真正为她好。

闺密回家后，我思考再三，在好友的对话框里谨慎措辞，认真编辑了一段委婉的、伤害值最小的话给她发送了过去，表达了我的逆耳忠言。经过一阵漫长的等待，好友那头终于传来了几句简短的话：“你说的话我能理解，我的确不够优秀，还需多多成长磨炼，谢谢你！”读完短信的一刹那，我长长地舒了一口气，如释重负。的确，我的闺密是一个善解人意的好姑娘，她能理解我的良苦用心，也有勇气承认自己的不足，这让我感到无比欣慰。

古语有云：“黄金无足色，白璧有微瑕。”同样的道理，这个世界上没有绝对纯净的一种物质，也没有完美无缺的一个人。只要是人，都会有这样或那样的缺陷和不足，有的是性格方面的缺失，有的是能力方面的匮乏！普通人如是，明星也不例外。

在一档《我家那闺女》的综艺节目里，快乐大本营的主持人吴昕红着眼睛，数次哽咽哭诉：“我的 2018 年真的很不顺利，在台里预定的节目被砍掉了，工作量也减少了一半。今年我 36 岁，也没有遇到适合结婚的人，未来如果不做艺人，还能做什么呢？

“有一年的跨年晚会，因为时长原因，然后就把我的节目拿下去了，所有主持人的都有，只拿掉了我的，这好像是在告诉我：你就是最差的那个，你就是被拿掉的那个。

“我人生中的一个魔咒，就是特别怕听到一句话：这么多年没有一点儿长进。说‘你就不要占着这个位置，你把这个位置让出来’。”

其实吴昕刚从大学毕业时就拿到了很多人羡慕的人生剧

本：以第二名的好成绩签约了湖南卫视，经过多年的打拼在北京也有了自己的大房子，但让她难过的是，自己的主持工作一直不被观众看好，即使努力拼命仍然做得不够好，仍然得不到别人的认可，仿佛自己就是错误的集合体、成功的绝缘体。

她的挫折不顺、难过伤心，让我仿佛看到了曾经的自己。是啊，我曾经也像她一样普普通通却又努力地活着，可是始终觉得自己不够优秀，也无法证明自己存在的价值，随后就会把自己浸泡在自责和烦恼当中许久。

有一天，我睁开眼看着镜中的自己，灰头土脸、神色黯淡，好像经过一场大病的颓废的病人。这时，我的耳边突然响起了一种不一样的声音：“我何必要这样折磨自己呢？向一个不完美的自己妥协，至少可以让我的心灵获得快乐啊！真正的勇士敢于直面惨淡的人生，接受不完美的自己是一种勇气，也是一个进步的开端！”

这样想着，我的心情也变得明媚了很多，但承认自己不够好，并不意味着向这个世界妥协，今后就算还要流泪，还要受伤，也不能放弃自己前行的步伐，哪怕有再多的困难，我也要一个个去攻克。

再后来，随着心智的成熟，我越来越明白一个道理：我们之所以觉得接受自己不够好是一件痛苦的事情，只是因为内心的完美主义在作祟。因为在完美主义者看来，一个人的自我价值感=能力=表现，一旦做某件事表现得不好，能力不足，就彻底否认了自身存在的价值。

如果单考虑完美主义的积极作用，我们倒也没必要警惕，因为自我的否定和挑剔在某种意义上也可以看成个人前进的一种动力。但最关键的是，完美主义心态也会造成很大的负面效应。比如，一个人一旦在某项工作中做不好，就会选择逃避，因为逃避可以让他不再承受表现不佳的风险，也不用感觉到自己的无能。而人一旦掉进了怯懦逃避的泥潭中，那么整个人生就会陷入无穷的恶性循环当中。

为了有效克服完美主义心态带来的负面效应，我们需要树立正确的价值观和人生观，并且及时捕捉负面情绪，一定要用一些积极、正面的话去引导、鼓励自己，比如“这个世界上没有十全十美的事情”“成败不要紧，重在参与”“做比不做好”……

最后，我想用美国著名作家梅 · 萨尔顿的一段话结束这章。“午夜时分，往事历历，纷至沓来。其中不尽是美事：痛苦、错误、未竟之事，以及令人羞愧和悲伤的种种往事一起涌上心头。但是一切，无论好与坏，痛苦与欢乐，都描绘进了丰富的人生画卷中，都成了我思想的粮食和进步的动力。”

第三章

你想敷衍人生，谁又能奈何

抱怨有什么用，你根本就不想改变

小文是我的大学同学，住在我寝室的隔壁，刚开始我们不怎么熟络，后来在一次讨论课上，我们俩被分到了一个小组。自那以后，我和小文的交集越来越多，后来我们成了无话不谈的好朋友。

最初，我还很感激她这么信任我，愿意把自己的心里话跟我讲，当然我也很庆幸自己多了一位知心好友。可是越到后来，我越倦于她的不思悔改和抱怨，迫于我们不是同一类人，从最初的知心好友，走到了后来的陌路人。

上学的时候，小文的皮肤过敏，得了一种叫荨麻疹的皮肤病，浑身长出大片大片的红疙瘩，看得人心有余悸。她每天痛苦得要死，我也很心疼她，一边安慰她，一边陪她去看医生。经过调理，她的病缓解了很多，红疹子基本上都消退下去了。

可是好景不长，过了两三天，小文又跟我说她的红疹子再次爆发，痒得她整晚整晚睡不着觉。我不解地问她："你的病不是好了吗？怎么又复发了？你是不是吃了什么不该吃的东西？"小文思忖了片刻，说："哦，我想起来了，今天中午食堂做的麻辣小龙虾实在太诱人了，我忍不住买了点儿。"我质问她说："医生不是嘱咐过你不要碰那些海鲜和辛辣的东西吗？你怎么记不住呢？"小文听后小嘴一撇，撒娇地说道："我还以为只吃一点点会没事呢！"

看着小文委屈巴巴的模样，我也不好再说什么。我们又在医院开了一些药。吃了一段时间后，她的病情好转了一些。不过没想到的是，有一天晚上，她又在微信上跟我说红疹子变得更厉害了，问及原因，还是和以前一样，没有管住自己的嘴，当天下午吃了一碗酸辣粉。那时的我略有些生气，明明不可以吃，为什么就不能控制住自己想吃的欲望呢？

经过多次复发，多次治疗，我想她应该能长点儿记性了。可事实证明，我错了。尽管我叮嘱得勤快，可是小文仍然一副记吃不记打的模样，不是被这个带辣椒的小吃吸引，就是被那个咸腥味的海鲜吸引。总之，渐渐地，她深深地陷入一种"刺痒→抱怨→吃药→好转→犯忌→再刺痒→再抱怨”的怪圈。后来，小文的急性荨麻疹终于经过她的恶性循环，成功转换成慢性荨麻疹了，这也意味着这个病治疗的难度增加了无数倍。

有天晚上躺在床上，她一如既往地开启了抱怨模式，抱怨身体的痛苦，抱怨疾病的难缠，我说：“那你跑步吧，坚持跑几个月，体质增强了，说不定病就好了呢！”结果，对话框那边传来几个字：“跑步太累了，我坚持不下来。”我看了气得差点儿一口老血吐出来。口也不愿忌，动也不想动，还总是不停地抱怨，这病能好了才怪呢！

再后来，我们毕业了。小文因为身体原因找了一个离家比较近也比较轻松、薪资比较低的工作，而我则进入一家网络公司做起了编辑。闲来无事的时候，小文又在电脑的一端敲打着她对生活的不满：“这个工作无聊死了，而且挣得也不多，还不能出去走走，天天盯着电脑，心烦死了！”

我安慰道：“那你来我们这边吧，现在正好在招人，任务也比较多，不会无聊，而且工资也比你那边要高一些。”谁知她以离家比较远为由拒绝了。我又跟她说：“这边包吃包住。”接着她又问：“那你们辛苦吗？一天写多少东西？”我说了具体的工作量，她说："一天写这么多呢！我觉得我没有能力做到！"我鼓励道："公司不会苛责新人，慢慢进步就是了。"谁知，她又来了一句："算了吧，去了那边又是一个新的环境，我又得重新适应，太麻烦了！"

至此，我除了用六个点的省略号以外，再也没有任何力气多说一句话了。

后来的后来，小文仍然没有停止对现状的抱怨和不满，而我那会儿已经被她浑身爆发的负能量搞得疲于应付了，感觉自己这个精神垃圾桶再也盛不下她一丝一毫的抱怨和倾诉，于是经过考虑之后，我决定远离这个负能量的人，我可以帮助她，却没有办法同化她，我也害怕时间久了会被她同化，慢慢地，我淡化了与她的联系，疏远了关系。

《摩罗诗力说》中有一句话说得非常好："哀其不幸，怒其不争。"我觉得拿这句话来形容我对小文的看法再合适不过了：不满现状，那你就去改变啊，既不想改变，又抱怨什么呢？一味地抱怨，能给你的生活带来什么样的改变呢？

说到这里，我不禁想起之前看到过的一篇关于三和大神的报道。这些大神常年寄宿在深圳市最大的人力资源市场三和，没有身份证明，身负巨额债务，与家人断绝联系，整日沉迷在游戏的世界里浑浑噩噩。为了能够获得继续混迹网吧的资本，他们出卖自己廉价的劳动力。

人们称他们为“大神”，并不是因为他们有多牛，而是因为他们把自己的人生毁到了极致，所以“大神”二字毫无疑问充满了嘲讽的意味。

当记者问到他们对于未来的规划时，多数人也承认这样的生活绝对不是自己想要的，有的人也表达了想外出闯荡的意愿，甚至还有人说等攒够了钱，便找合伙人做生意。然而悲剧的是，他们并不愿意为了改变现状而做一些努力。一没学历，二没能力，还不愿下功夫学点儿技术，兜兜转转还是在原地堕落。

作家臧克家曾经写过这样一句富有哲理的诗：“有的人活着，他已经死了；有的人死了，他还活着。”我想那些活得行尸走肉，不愿为现状做出丝毫改变的人应该都是“死”了的人吧！当然了，中国有一句老话叫“人生百态，世事无常”。肉体活着而灵魂已死的大有人在，而命运多舛、涅槃重生的人也有一大把。有的人从出生时就捏着一副好牌，最后到生命结束的时候却发现自己把这副好牌打得稀烂，而有的人刚出生的时候就是命运的弃儿，最后却靠着不怨不弃的可贵品质逆袭成了人生的赢家。

2015 年，在《超级演说家》的舞台上，杀出一匹黑马。这匹黑马依靠励志感人、震撼人心的演讲，一路披荆斩棘，在众多强有力的竞争对手中脱颖而出，最后喜获了《超级演说家》的年度亚军。

这匹黑马就是身残志坚的旗袍企业家崔万志。崔万志出生时，由于脚先落地，头被卡在母亲身体里，所以导致大脑缺氧，一出生就几乎没有呼吸。在被医生努力抢救下，才勉强捡回了一条命，却不幸落下了行走不便、语言不畅的残疾。

虽然身体有着诸多不便，但是他靠着顽强的意志，克服了生活和学习中的种种困难，最终以名列前茅的成绩考到了当地最好的高中。可他没想到的是，开学第一天，校长就因为他残疾，在几分钟之内将他和他父亲以及他的行李踢到校门之外，然后指着他说："就算你考上大学也没有学校要你，你还耽误我一个名额。"为了让儿子能有学上，父亲当时就跪了下来，并且一跪就是两个小时。

彼时的崔万志想想自己曾经因为残疾而经历过的苦痛，想想曾经因为残疾而遭受过的白眼，再看看眼前那个为了自己放弃尊严的父亲，他的心里充满了对命运的恨意。不过好在后来，父亲一句朴实无华的话——“抱怨没有用，一切靠自己”，给了他继续前进的人生信念。

此后的崔万志在父亲的激励下似乎变得无坚不摧。为了生活，他摆过地摊儿，开过书店、网吧，甚至还在经营电商的时候赔了多年积攒的二十几万资金，再后来开公司又欠了四百万的外债。但就是面对这样残酷的现实，崔万志仍然没有一句抱怨，凭借着顽强的毅力一直坚持下去，最后命运似乎也被这个执着的男人感动了，终于让他成了名利双收的人生赢家。据说，崔万志在淘宝创立的“蝶恋”品牌，发展至今，一年能给他带来五千万的收益。

看完这个励志故事，你的内心也一定备受鼓舞吧。的确，生活很残酷，也很公平。当你不满现在的生活时，要么拼命，要么认命。若是选择了认命，那就不要再抱怨；若是选择了拼命，那就去改变、去创造吧！美好的未来藏在辛苦的打拼里，满腹牢骚只会让你的生活变成一团乱麻。

最后，我想用崔万志的一段富有正能量的话结束本章：“世界是一面镜子，照射着我们的内心，我们内心是什么样子，这个世界就是什么样子。选择抱怨，我们内心就充满痛苦、黑暗和绝望；选择感恩，我们的世界就充满着阳光、希望和爱。”

对自己狠一点儿，生活才会对你友好

曾经在网上看过一个非常励志的故事，看完之后备受鼓舞，瞬间觉得自己浑身充满了能量，有种攻无不克、战无不胜的自信心。下面我把这个故事分享给大家，希望你们能从中汲取到一些向上的能量，并获得一些有益的思考。

这个故事的主人公叫吉田穗波。她是日本的一个妇产科医生，平时的工作非常忙碌。大女儿一岁的时候，因为肺炎引发了气喘住进了医院，吉田穗波一边心疼着女儿，一边辛苦地看护。就在她疲于应付的同时，突然萌生了改变现状、提升自己的念头。

如果只是普通人的话，拥有两个分别只有两个月和两岁的女儿，自己还每天朝九晚五地上班，而且还要在家、托儿所、医院这三点之间来回奔波，早已经到了身体无法负荷的极限。

可这位女博士愣是靠着对自己的狠劲儿（凌晨三点起床学习，坐地铁时看书，做家务时听论文），在短短半年时间内完成了考取哈佛的高难度任务。在这期间，她还怀上了第三胎。

考上哈佛之后，吉田穗波夫妇带着三岁、一岁和一个半月大的三个女儿一起出国留学。在忙碌的留学生活中，她找了一个保姆代做家务，周末的时候就和老公一起带着孩子们在图书馆阅读学习。两年后，吉田穗波又取得了哈佛学位。在此期间，她还怀上了第四胎。

学成归国后，她已经是四个孩子的妈妈了。平时除了要尽一个妈妈的职责外，吉田穗波在工作中要做的事情也很多。为了更有效率地完成预想的任务，她每周一的早上都会做好计划，并且把计划按照紧急程度做了安排。后来她还撰写了一本书——《就因为没时间，才什么都能办到》。新书出版之际，她的第五个孩子出生了！

有的时候，人不逼自己一把，就不知道自己有多优秀！但是在大多数情况下，我们都选择了向自己的惰性妥协：在该起早奋斗的时候，选择了贪睡。为了安抚自己的焦虑感，还会自我劝慰：“没事，睡吧，睡不饱，哪有精力读好书/上好班啊。”

本来一件事情应该今天完成，可是因为长时间沉溺于手机，导致明天，甚至后来才能完成，明知今日事应该今日毕，但还是宽容地对自己说一声："没事，人活一辈子，事情多了去了，哪有个做完的时候啊！放着吧，今天做不完还有明天。"殊不知，"明日复明日，明日何其多？我生待明日，万事成蹉跎"。

正因为我们大多数人对自己太好了，不愿意像吉田穗波那样狠狠地逼自己一把，所以我们注定一生都庸庸无为、平平淡淡，始终成不了人群中耀眼的一颗明星。有的时候，我们明明知道，只要肯努力一把，只要肯少玩一会儿，多学一会儿，自己人生的境遇也许慢慢就会有所改观，自己想要的东西也会轻松收入囊中，但可悲的是，我们就像一个重度拖延症患者或者懒癌患者一样，不肯迈出那关键的一步。

其实，放过自己很容易，让生活放过你却很难。你要是吃不了学习的苦，就得吃生活给你的苦。道理大家都明白，我就不在这里赘述了。我真正想探讨的是，"你为什么总是轻易放过自己"背后深层次的内容。

之前在网上看到过这样一句话："拖延是尘封梦想的地狱，拖延是埋葬潜能的坟墓。回想你过去的碌碌无为和虚度年华，皆是因拖延而致。”我觉得这句话说得非常有道理。并且我也认为拖延症是你轻易放过自己的一大根源。那么应该如何战胜拖延，使自己全身心地投入一件事情，并且把它做完呢？以下是几点可行性的建议，希望对你有所帮助。

第一，调整自己的心理预期，把“我必须做到完美”改成“我尽量做好”。面对一件难度系数比较高的事情时，很多人会不自觉地变成一个完美主义者，心里容不得工作出现半点儿纰漏和瑕疵，一旦做得不称心如意，心里就很难受。为了让自己避免受到这种负面情绪的困扰，很多人总是给自己找借口选择不做，或者半途而废。其实放眼望去，大部分人都是平凡的人，平凡人做事，出现失误是再正常不过的了，所以我们只要能放下完美主义的执念，就会发现其实坚持做完一件事也不是很难。

第二，制订详细的计划。吉田穗波之所以能够高效地完成学业，是因为她有精确到 15 分钟的周计划表。每时每刻做什么事情，她提前已经做好安排了。这样做可以让人避开行动的盲目性，即便要完成的事情有很多，也会按照计划有理有序地进行，而不会出现眉毛胡子一把抓的乱象。当然，这种有条不紊的执行力降低了行动的难度，从而也提高了你的工作效率。

第三，懂得适当地放权。一个人的时间和精力是有限的，如果所有的事情都要注意和顾及，那么很容易就会陷入有心无力的苦恼当中。而要想坚持完成某项工作，就要学会像吉田穗波那样适当地放权，把家务活儿让给保姆做，把照顾孩子的部分责任让给老公做，这样才能确保自己不被其他无效的琐事叨扰，从而留下更多时间去做自己的事情。

第四，勇敢迈出第一步。《死时谁为你哭泣》的作者罗宾·夏玛说："不是因为某件事很难，你才不想做，而是因为你不想做，让这件事变得很难。"吉田穗波就是因为深刻地明白这个道理，所以她才勇敢地迈出了第一步，从而为以后一路开挂的人生创造了可能。

最后，我想用一句正能量的话与大家共勉："苦心人，天不负，对自己狠一点儿，生活才会对你友好。"行动起来吧！战胜懒癌，战胜拖延症，有可能你的人生绽放得比吉田穗波还要耀眼。

别因一时的安逸，贻误了你的未来

提到贪图安逸这个话题，我突然想起了两个小故事。故事的内容虽然简单，蕴含的寓意却非常深远；情节虽然单一，折射的问题却发人深省。

第一则故事讲的是米缸里的老鼠。

某日，一只老鼠不小心掉进了米缸。看到眼前白花花的大米，老鼠喜出望外，在米缸里吃了睡，睡了吃。日子就这样一天天地过去了。

突然有一天，老鼠发现米缸里的米已经被它吃得下去一大半了。这个时候它想自己要不要跳出去呢？不出去的话，米缸见底，很有可能这辈子也跳不出去了；若是跳出去了，那么剩下的美食就吃不到了。经过一番思想挣扎，老鼠最终还是没能抵得住食物的诱惑。

后来，米缸里的米真的被老鼠吃完了，这个时候，它才发现自己要跳出这深深的米缸已经是不可能的了。最后等待它的将是死亡。

第二则故事则是关于北极熊的。

在寒冷的北极圈，北极熊依靠硕大的体形、有力的巴掌、锋利的牙齿和惊人的奔跑速度在这一片区域称王称霸。但就是这样一个所向披靡的王者，却很容易被因纽特人捕捉。这是为什么呢？原来北极熊嗜血如命，所以因纽特人就先杀死一只海豹，然后把海豹的血倒在水桶里，接着将一把双刃匕首插在血液中央，等到血液完全凝固，插在中间的匕首就像一个超级大冰棒。因纽特人把冰棒倒出来，丢在雪原上，以此来引诱北极熊。

当北极熊闻到海豹的血液时，就会快速赶来，舔食美味的血冰棒。舔着舔着，它们的舌头就会被这冰冷的寒气所麻痹。不知不觉中，锋利的匕首就会割破它们的舌头。此时的它们不但不自知，反而觉得自己流出的新鲜、温热的血更加美味。就这样，它们的舌头在不断地舔食下越割越深，血也越流越多，到最后，它们因为失血过多而昏厥，因纽特人不费吹灰之力就捕获了它们。

读完这两个故事，你是不是也和我一样内心充满了震撼。是啊，老鼠吃大米、北极熊舔血是多么平常的事情，但是它们一旦放纵了自己的欲望，掉入贪图享受的陷阱中，那么很快美食就变成了它们的催命符。

其实，在现实生活中，像老鼠和北极熊一样贪图一时安逸而贻误终生的人也不在少数。刚开始的时候，把头埋在被窝里打游戏，吹着空调抱着手机浏览微博、朋友圈，跷着二郎腿刷着抖音、追着剧，那叫一个爽！可是人无远虑，必有近忧，当你沉迷于这些无价值的东西时，像极了温水里的青蛙，等到你有所觉醒，或许早就失去了反抗命运的能力，等待你的将是现实泼过来的一盆热水！这个时候的你，不是被烫死就是被烫伤。

相信大家都看过一幅富有哲理的漫画。在漫画里，每个人都背负着沉重的十字架，朝着既定的目标艰难前行。路途当中，有个人因为十字架太沉重了，于是拿刀将十字架砍去了一截，然后轻松地上路了。可是走着走着，他又觉得很沉，于是把十字架又砍去了一大截。这样一来，他一下子感到轻松了许多。

当别人都在气喘吁吁地前行时，他则哼着歌轻快地走在前面。后来，走着走着，他的眼前出现了一个又深又宽的沟壑！沟上没有桥，周围也没有路。正当他抓耳挠腮，不知道该如何是好的时候，后面的人都慢慢地赶上来了，他们用自己背负的十字架搭在沟上，做成桥，从容不迫地跨越了沟壑。而他也想像他们一样跨过沟壑，可他的十字架之前已经被砍掉了长长的一大截，根本无法做成桥，最后他只能垂头丧气地困在原地。

有些安逸不能随便贪图，舒服了一时，却舒服不了一世。或许在未来的某个时刻，你就会尝到今天贪图安逸所种下的苦果。正所谓，种瓜得瓜，种豆得豆。每一个选择里都藏着我们的未来。你未来想过什么样的生活，完全取决于你现在努力的程度。

因此，对于刚走上社会的小青年，我只想说，一开始不要把金钱看得太重，就算工资低一点儿，困难多一点儿，你也要选择一份可以长远发展的工作。年轻的时候，我们最缺乏的是经验和历练，也许一开始会很难，可是慢慢地我们就会发现，越努力，越幸运。穿过黑暗，我们一定能感受到阳光的温度；忍受孤独，我们就能拓宽生命的高度和宽度。

网上有一句话说得特别好："你未来流的泪，就是你现在做选择时脑子里进的水。”所以，你一定要善于以别人为鉴，及时调整自己的方向，千万不要等到所有事情都尘埃落定，才发现自己无能为力。那个时候，就算你悔得涕泪横流，也得承受这扎心的结局。

追求安稳，并不等同于“不思进取”

豆瓣红人三公子在她的一本书里写过这样一句话：“追求平淡安稳的生活，并不是你拿来逃避努力的借口。”的确，在现实生活中，很多人已经把平淡安稳当成了自己能力平庸的一块挡箭牌，打着平平淡淡才是真的旗号，做着不思进取的事情。这种自欺欺人的做法又何尝不是其人生的一大悲剧呢？

我的好友F小姐，最近去法国旅游了一趟。在旅游期间，她给我们一众好友分享了一些自己在普罗旺斯拍的美照。在明媚的阳光下，F小姐躺在如梦如幻的花海里，笑靥如花。我们这些可怜的加班狗除了羡慕她惊为天人的颜值，更羡慕她潇洒恣意的人生。

想当初F小姐不顾众人的反对，毅然从一家正规的图书出版公司辞职，然后一个人开启了漫长而孤独的自媒体之路。那时的她经历过迷茫，体验过彷徨，也熬过了无数个不眠的夜晚，最后终于在人才济济的自媒体阵营中杀出了自己的一片天地。

如今的她混得风生水起，一边拿着过万的收入，一边自由自在地去全世界旅游，整个人都活成了我们羡慕的模样。

在F小姐的一众羡慕者中，有一个我们共同认识的人小D。小D多年来一直在一个不错的单位上班。不过她的工作很清闲，忙的时候敲敲键盘、填填表格，闲的时候追追剧、聊聊天，日子过得悠闲自在极了。

有人看到小D这样优哉游哉地混日子，便好心提醒她应该利用业余时间学点儿什么，提升一下自我价值。谁知小D反而不以为然地说："人生何其短，天天过得苦哈哈的，多不值啊！辛苦也是一天，享乐也是一天，我如今吃喝不愁，何必受那份罪呢？有一天，我也可以像F小姐一样环游世界，过几天岁月静好的生活！"

可是没多久，小D没有盼来她理想中的诗和远方，反而等到了如同晴天霹雳的裁员通知单。拿过通知单，她的名字赫然在列。一时间，她竟然不知道该怎么办！

目前的她虽然工资不高，但是让自己吃饱穿暖还是不成问题的，可要是断了这唯一的经济来源，不用说全世界旅游了，就连眼前最简单的温饱也解决不了呀。

痛定思痛之后，小 D 终于悟出了她和 F 小姐之间的差距。一直以来，她只是把追求安稳平淡、岁月静好的美好念想当成了自己懒惰懈怠、不思进取的借口。等到残酷的生活张牙舞爪地扑过来的时候，才发现自己完全没有像 F 小姐那样强大的抵御能力。

知乎上有个用户道出了一个很扎心的真相：成功的人才有资格讲自己的故事，那么我们失败者呢？也只能说一下自己的事故了。所以，像小 D 一样普通得不能再普通的我们，一定不要用双重标准来看待自己和别人。当别人在抛头颅、洒热血、甩开膀子干的时候，你也一定要紧跟其后，不能用追求平淡安稳来麻痹自己，不思进取。当你拥有了享受岁月静好的能力之时，才有资格跟别人一样谈诗和远方。

然而，回到现实中来，很多人却没有这样自知自省的能力。他们如果看到别人比自己过得好，常常会生发出一些羡慕忌妒，甚至恨的情绪来，然后给别人找一大堆已所不及的优势：“他爹那么有钱，他的小日子才能过得那么滋润!”“他的专业学得好，自然能在这行混得风生水起，哪像我跨专业，怎么跟人家PK?”“我的那个同事，今天这里游一游，明天那里逛一逛，完全是因为她嫁了一个好老公啊!”

只言片语，充满了酸臭味。他们的眼睛只盯着别人的优势和闲适，却从来看不到别人背后付出的汗水，以及其强大的能力。若是你真的跟他们较真，决定一辩高下，他们就又立马转换话题，自欺欺人地说：“我这么多年一直没有坐上那个经理的位子，没有挣得面子、票子，那是我天生淡泊名利，只爱过平淡的日子。”

然而，事情的真相是什么？扒开那个虚伪的面具之后，你会发现其实他们的内心都蜷缩着一个自卑、怯懦的灵魂，而裹着这个弱小灵魂的是一个外强中干、没有本事的躯壳。

的确，我承认追求安稳平淡的生活方式没有错，但若是把这种安闲舒适的生活方式当作你不思进取、自甘堕落的挡箭牌，那就大错特错了！毕竟装作风轻云淡的样子并不等于你过上了闲云野鹤的生活，因为不是每个人都天生有那种享清福的命!

既然没有这个命，就要趁早认清现实，好好生活，因为真正能对你的人生负责的只有你自己。只有你自己才能让黯淡无光的生活变得重新耀眼起来！

承认吧！你只是在假装努力

在我们的朋友圈常常活跃着这样一群人，每天发一些励志鸡汤：今天抛一张健身房挥汗如雨的照片，明天晒一串长长的阅读书单，后天再配一张城市的夜景图，旁边还附着一段正能量满满的文字——昨夜加班到十二点，虽然有点儿累，不过过得很充实。欲戴王冠，必承其重。加油，世界不曾亏欠每一个努力的人！

这群人中确实有人活得很充实，很有质感，但也有一些人纯属是在作秀：烈火烹油的奋斗景象也许只是他半夜失眠，推开窗户拍的一张夜景图；所谓的书单也许只是想秀一秀而已，转眼他早已把读书的时间用来玩手机消遣了；所谓的健身达人，也许只不过是一时兴起，跑跑步，出出汗，然后就留下了一张“照骗”。

承认吧！你所谓的努力都只是假装而已。这样做无疑是想建立一个优雅体面、昂扬向上的人设，从而满足自己的虚荣心，顺带着也为自己狠狠刷一波存在感。

可是“想做”和“做了”、“想看”和“看了”毕竟是两个完全不同的概念，即便你用所谓的努力感动了自己，结果却不会陪着你撒谎。有人说，职场没有功劳簿，只有成绩单。这句话很有道理。即便幻想过自己已经努力了，可是无效的劳动和自我麻痹是产不出丰硕的成果的，老板更不会为你莫须有的努力而买单。

其实真正拼了命努力的人，从来不会那么高调，不会把努力当作一种炫耀的资本。因为在他们的认知中，目标才是他们奋斗的唯一动力，至于他人的看法，那都是浮云。在万科的员工手册上也有一个“以终为始”的目标管理法则：“以自己为起点，根据自己的能力去制订计划，多半达不到目标，以终为始，是根据目标制订计划，逼迫自己去执行。”

当然真正努力的人除了有明确的目标、正确的方向，还会多动脑、勤思考。说到这儿，我想起了前段时间和朋友一起吃饭时，听她提到过的一件有意思的事情。

在她们单位，有一个工作非常勤奋的姑娘，她对工作可谓极其热爱和负责。上班时整个人如同一根紧绷的弦一样，背挺得直直的，眼睛一动不动地盯着电脑，眉头紧锁，手中的键盘敲得噼里啪啦响。即便是下班，有时她也会拉着别人问东问西，还认真地做着笔记。总之，她是单位里最拼的一个，这是所有人对她的共同认知。

然而就是这样一个拼劲儿很足的人，其业绩却不是很理想。为什么自己的努力和薪资不能成正比呢？她也不止一次地在心里质问自己。难道是客户太难对付？难道是竞争对手太强？抑或是当前的经济环境不景气？其实都不是，她只是在假装很努力而已。不过她的这种假装努力并没有掺杂前面所说的虚荣炫耀的成分，而是她努力的劲儿没有用对地方。

她看似上班去得挺早，其实在工作的时候心不在焉；下班下得最晚，其实是完成上班时思想开小差所导致的未完成的工作。有的时候就算神情严肃，不停做笔记，也只是浮于表面，做完笔记究竟有多少收获，能获得哪些思考，她通通都没有在意。

青年作家李尚龙说过这样一句话：“当你的勤奋不能转化为

价值时，你的勤奋只是低端的勤奋。低端的勤奋，把自己感动得一塌糊涂，却效果甚微。与其低端勤奋，不如选对方法，提高效率。”

是啊，在成年人的世界里，讲究实效才是最要紧的，我们不需要口号般的人生。所以从某种角度来讲，懂得思考比所谓的努力更重要。因为好的思维方式可以产生价值，可以带来效益，而蛮干、苦干并不能给我们带来真正的好处。

随着时间的更迭和生命的成熟，我越来越欣赏那些真正努力的人了。他们的日常成了我未来最理想的一种生活模式。

我有一位作家朋友，她每天光是写作就花费十多个小时，但是收入却不是特别高。不过我对她却充满了欣赏和崇拜，而这种欣赏和崇拜则源于她自身散发的魅力，这种魅力既体现在她对写作的极度热爱，又体现在她对名利金钱的淡泊，当然更体现在她对质感生活的积极追求。每隔一段时间，她会让自己走出奋笔疾书的状态，然后进入忘我的思考模式，偶尔有空还会看看书、旅旅游、插插花，又或者和亲密的朋友聚聚餐。

在这凡尘俗世中，人人皆为利来，皆为利往，她却能摒弃浮躁，如诗般优雅地活着，只追求自己的写作技艺，不顾念金钱回报的多寡，实在让人佩服。

在这个多元化的时代，人们对人和事的看法又多了几分宽容，所以大家都不必活在别人的眼光和期待里，只需问问自己内心到底想要什么，然后按照自己所期待的生活，活下去就好。你永远也不知道自己为了理想和愿望努力打拼而挥洒汗水的样子有多美！当然了，退一步讲，就算你为了梦想做不到奋不顾身，那也不要在众人面前装出一副拼尽全力的模样，而私底下却心慵意懒、投机取巧，活活把自己变成了一个戏精。其实这样的戏码若是上演得太多，迟早是会被人识破的。那个时候的你就真的成了别人眼中的笑话了！

在这个世界上，幸福从来都没有统一的答案。你想要拥有什么样的人生，你自己说了算！你把自己活成优哉游哉、闲云野鹤的世外高人也好，或是活成夜以继日、不辞辛劳的俗世凡人也罢，这都无可非议，但就是不能成为那种流于表面、假装努力的戏精！

心浮气躁的你，不要奢望梦想成真

以前在同事那里听来一个故事，这个故事的主人公是同事的高中同学，我们姑且叫他 B 君。

B 君长得儒雅秀气，风度翩翩，在学校颇受女孩们的青睐。再加上他爱好诗文，且能写几首充满浪漫主义气息的小诗和几篇辞藻华丽的美文，更是俘获了一众迷妹的芳心。然而就是这样一个有才气的翩翩少年，最后却混成了同事嘴里的 loser（失败者），这让人听了多少有些遗憾和惋惜。

据同事回忆，B 君从小的愿望就是当一个才气纵横的作家和诗人。这个理想旁人乍一听来觉得虚无缥缈，望而不及，可是基于 B 君极高的文字天赋，大家也觉得他的未来可期。不过让人遗憾的是，后来 B 君的心浮气躁和傲睨自若彻底摧毁了他精心编织的美梦。

在高中学习的阶段，他成天把郁达夫、余秋雨、毕淑敏等一众文化名人当作自己精神的偶像，并且也一直坚信自己有一天会成为那样的人。于是古现代诗文和散文成为其重点关注的对象，而其他学科则沦为其上课的催眠曲。有的时候，为了摆脱一窍不通的数学和物理，他甚至选择了翘课。为此，他被老师多次点名批评，同桌也劝他："就算你对其他学科没兴趣，至少你也得大致学习一下嘛，要不然即便你的语文成绩能考满分，那也是一条腿走路，不擅长的学科会严重拖垮你的呀。"

可他依然不为所动，满脑子装的都是诗词歌赋，认为根本没必要把时间和精力浪费在其他学科上。当别人昼夜苦读，置身书山题海时，他一边听歌，一边暗自得意："学得多不如学得精，我可是将来要当作家的人，这些密密麻麻的数字和公式在我眼里就是浮云！"倘若有人把他说急了，他就直接用作家韩寒的话回怼："数学，我想我只要上到初二就够了。一个人全面发展当然好，但可能越全面发展越是个庸才。说一个人学习高等数学是为了培养逻辑能力，我觉得逻辑能力是与生俱来的东西，并不是培养出来的东西。古人不学高等数学，难道就没有逻辑能力吗？"

有的人听了不服气，接着用高考成绩论来反驳他，他仍旧一副满不在乎的模样，并借用韩寒的话自嘲：“七门功课红灯，照亮我的前程。”到底是文字功底扎实的学生，举起例子来生动形象，有理有据。其他人无话可说，也任由其破罐子破摔。

当然，有的时候他也为自己不争气的其他成绩懊恼过，幻想着高考的阅卷老师头晕眼花，误判考题，或者善心大发，多赐予他几十分。然而幻想始终是幻想，事实证明，阅卷老师耳不聋眼不花，而且还特别公正。等到高考分数揭晓的那一刻，一个刺眼的325分不出所料地甩在了他的面前。父母看到这样的成绩痛心疾首，大声呵斥，他仍然云淡风轻：“家长不能‘唯分数论’，这样会把人才逼进死胡同。我现在虽然综合分数是低了点儿，但是凭着极高的文学天赋，我一定会有功成名就的那一天。到时候那些老师和同学还不是对我这个文学大师羡慕有加，顶礼膜拜吗？”

总而言之，B君的高中生涯在心浮气躁、狂妄自大中飘飘然地度过了。至于他后来的境况，也是同事在同学聚会时从其他人七零八碎的描述中拼凑出来的。

由于成绩不佳，B君勉强上了一个非常一般的大学。在大学里，他整日郁郁寡欢，逢人抱怨生不逢时，自己的文学才华无伯乐赏识，时常发出“春风满面皆朋友，欲觅知音难上难”的愤懑和感慨，大有“伯牙碎琴”的阵势。浑浑噩噩的四年大学时光过去了，他的作家梦也在抱怨声中消耗得所剩无几。据一位和B君相熟的同乡介绍，他后来步入社会，也曾向报社和杂志社投过几篇文章，但是到最后都如泥牛入海，杳无音信，至此B君的心态彻底崩了，他整日伤春悲秋，怀疑人生，无心工作，最后被公司领导扫地出门，一度沦落到“食不果腹”的悲惨境地。

古老的英格兰民谣里有这样一段代代相传的话：“少了一枚铁钉，掉了一只马掌；掉了一只马掌，瘸了一匹战马；瘸了一匹战马，败了一次战役；败了一次战役，丢了一个国家。”这段话之所以流传至今，是因为它真实地反映了一段残酷而无情的历史，富含了深刻的人生哲理。一枚铁钉的缺失就意味着一顶王冠的易主，由此可见，一个小小的细节对整体布局也能起到至关重要的作用。同样的道理，若是B君能戒骄戒躁、步步踏实，把人生的每一小步都走好，或许这个世界上就真的又多了一位文学家呢！B君错就错在当自己的能力尚不能撑起野心时，就无端陷入自己编织的妄想中，最终在虚无缥缈的幻想和满腹牢骚的抱怨中彻底荒废了自己的人生。

纵观古今中外，每一个成功的人都不是思想的巨人、行动的矮子。他们懂得脚踏实地，一步一个脚印，把眼前的每一步路走好，从而为以后的成功奠定良好的基础。

人人都听过司马光砸缸的故事，但是大家却不知道他过人的智慧和渊博的学识恰恰来源于坚持不懈、日复一日的早读。为了戒掉贪睡的坏毛病，司马光用圆木头做了一个警枕，只要早上翻身，头就会从木头上滑下，人也随之清醒。

商业巨子李嘉诚在初次创业成功之后积累了数以千万元的资金，但是他并没有为这样一笔巨额财富沾沾自喜、好高骛远，而是脚踏实地，长期地思虑，周密调查，为完成下一个既定目标做好准备。

苏格拉底给他的弟子们布置了一道作业——每天把手甩一百下。过了一个星期，有百分之八九十的人坚持了下来；过了一个月，坚持的人只有一半；而过了一年之后，坚持的人只有柏拉图。也许正是坚持不懈、脚踏实地的美好品质，将柏拉图铸造成了古希腊伟大的哲学家。

“大浪淘沙，沉者为金；风卷残云，胜者为王。”在如今这个竞争激烈的时代，如果你不是天赋异禀，成不了一个特别拔尖的人才，如果你没有像富二代那样优渥的资源，那么除了脚踏实地、拼命努力，似乎没有别的出人头地的机会了。

生活到底不是童话，并不是只要你简单说一句“吧啦啦啦小魔仙大变身”，就能变成一个众星捧月的公主或者英俊富有的王子，而且“霸道总裁爱上我”的戏码也只有小说和影视剧里才会出现。所以停留在嘴上的梦想始终是海市蜃楼，无法抓住，只有付诸实实在在的行动，才能把一切不可能变为可能。

不喜欢父母安排的人生，那为什么不挣脱

之前，在网上看到过这样一个关于中国式父母的段子：7岁，我给你报了奥数班；19岁，我给你报了某某大学；23岁，我给你报了公务员；32岁，我给你报了《非诚勿扰》。这个段子虽然有一些夸张的成分，但是却生动形象地反映了孩子被安排了的人生。

有段时间，单位来了个实习编辑，个子长得高高大大，但是整个人看起来却死气沉沉的，双眼无神，毫无朝气。他做起事来，也是拖拖拉拉、懒散懈怠，很不讨人喜欢。看着他一天天地消极怠工，领导终于忍不住问道："你到底对工作有什么想法？"岂料他漫不经心地答道："其实，我对这份工作一点儿兴趣都没有，都是我妈逼着我来的。她说，这个工作敲敲键盘，写写文章，挺体面的。"领导又问："那你对什么东西感兴趣

啊?”谁料这个小伙子一脸迷茫地说:“我也不知道我能做什么,从小到大,我干什么都是听家里大人的安排。”领导听了一脸的无奈,只能委婉地把他劝退了。

毫无疑问,父母是这个世界上最爱我们的人,他们出于爱的本能,总想为孩子创造最好的条件,做出自认为妥帖的安排。但是在这个过程中,却不知不觉地以爱的名义扼杀了孩子的兴趣,剥夺了孩子对自己人生选择的权利。这种越俎代庖的做法根本不尊重孩子的感情和兴趣,最终起到了适得其反的效果。上面提到的那个实习生,就是在父母的一手包办下丢失了自己的个性和对生活的思考。

人们都说:三岁一代沟。父母和我们的年岁差那么多,注定两代人在看待问题的时候有很大的出入。父母出生在资源匮乏的年代,而且还赶上了下岗大潮,所以对旱涝保收的铁饭碗情有独钟,他们生怕家里赚钱的主力下岗了,一家人食不果腹、衣不蔽体。而现在不同了,所谓体制内的铁饭碗早已被淘汰在历史的洪流中,真正的铁饭碗是你自己拥有的能力。

所以说,我们这代人,是压力最大的一代人,也是最幸福的一代人。时代赋予我们很多体现自身价值的机会,只要你踏实肯干，到哪里都能发光发热。可是在父母眼里，我们还是那个没有长大的孩子，从小娇生惯养，到了而立之年，到底能不能找到一份稳定的工作养活自己，能不能觅得一份良缘喜结连理，这些，父母心里都没有底。所以他们东奔西跑，煞费苦心，力求为孩子谋得一份稳定又多金的工作；该结婚的时候，他们又思深忧远，托亲戚朋友帮忙介绍一个门当户对的对象。这些无微不至的安排看似让我们幸福了，可是扪心自问，这真的是我们想要的生活吗？

莎士比亚说过："有些人只拥吻影子，于是只拥有幸福的幻影。"在我看来，我们每个人都应该好好问一下自己的内心，问问自己真正需要的东西是什么，而不是整天沉迷于想象的幻影之中自欺欺人，浪费生命。作家冯骥才也说："风可以吹起一大张白纸，却无法吹走一只蝴蝶，因为生命的力量在于不顺从。好的生命一定要像蝴蝶一样有一股不顺从的自我力量，而不是一张任由大风吹来吹去的白纸。"

诚然，父母给了我们生命，我们理应感恩戴德，但是这并不代表我们就是他们的提线木偶。

朋友的爷爷是车站售票员，他爸爸也是，到了他这里，他不愿意继续重复他们这样枯燥的生活。朋友喜欢文学，喜欢写作，想要自己出去闯一闯，可是他的家人不理解，也不支持他。其实他也理解父亲和爷爷，他们之所以想让他复制他们的人生，一方面是因为上一代人的生存环境所致；另一方面，是因为身居小县城，视野有限，思想落后，格局太小。

我们这一代人，有的虽然生活在小城镇或农村，但是互联网和新媒体开拓了我们的眼界，就算我们大门不出二门不迈，世界发生的大小事儿也都能尽收眼底。所以我们不甘心一辈子蜷缩在一个闭塞的小角落里，过着一辈子看得到头的生活。我们选择来大城市打拼，也是为了看见更大、更精彩的世界，让自己增长见识。

《不谄媚的人生》里有这样一段话："打个比方，你一直接受的是在河里游泳的教育，但是，有一天你看到了大海，你已经习惯了河流，所以根本无法想象在大海里遨游的样子。其实在大海里，只要你有力气，你就可以去任何你想去的地方。"这段话让我想起了我的另外一个好朋友小冉。

小冉是一个敢作敢为、行事干净利落的90后姑娘。只要她心中认定了什么，就全力以赴，不惜一切。在高考填报志愿前，小冉的妈妈说："咱家也没什么大钱，只是在医院有个能说得上话的叔叔，以后他能帮你一把，可以让你在镇卫生所谋一个职位，你报医学院吧。"可她当时铁了心想当一名老师，并且理想中的师范院校都选好了。可是她妈妈就是不同意，为此母女二人僵持了将近一个礼拜。她妈妈觉得当一个医生，不仅收入稳定，而且还受人尊敬，再说自家人有个头疼脑热也不用出去看病。可她则坚持认为，医生是最无聊的职业，每天捧着一大堆枯燥的医学常识死记硬背，是一件很痛苦的事情。

双方争执到最后，最终还是她妈妈妥协了。小冉如愿上了师范院校，毕业以后也没有按照她妈妈的要求回到当地的学校教书，而是在北京一直工作到现在。虽然后来小冉又辞了老师的工作转战到互联网，但这每一步，小冉都不曾后悔。于她而言，选自己所爱、做心中所想才是最幸福的一件事情。后来小冉在自媒体上也做得相当不错，吸引了几百万的粉丝，收入一路水涨船高，最后得到了她妈妈的认可。

其实，我本人特别欣赏像小冉这样的人，不喜欢父母的安排，就据理力争，而不是像前面讲过的那个男实习生一样，消极怠工，肆意挥霍人生。

自己想要什么样的生活，就努力去争取，即使中途磕得头破血流，那又如何呢？至少做自己喜欢做的事情，内心是幸福的，就算将来老了动不了了，回忆往昔，也不曾有遗憾和叹息。就算将来给自己的孙子讲故事，那也是另类的精彩人生，而不是只会讲爷爷和爸爸传下来的老掉牙的故事。

三十岁的你，是不是还一事无成

大姚的新工作又干不下去了，最近又在拜托朋友们帮忙介绍新工作。这已经不是他第一次求助朋友们了，可连他自己都不清楚自己想要做什么工作，别人又能怎么办呢？

要说大姚其人看上去也算一表人才，上大学的时候学的美术，后来成了一名漫画师，平日里还喜欢弹弹吉他，挺招姑娘们喜欢的。

大姚不喜欢拘束，像我们这种天天在钢筋水泥搭建的城市中奋斗的人他总是看不上，觉得我们太没情趣。他经常出去旅行，一路上走走停停，他说这样可以捕捉更多创作的灵感。

前几年大姚也曾有过风光的时候，那时候他在一家规模不小的公司工作，他画的漫画也挺受追捧。公司还经常组织一些见面会、签售会之类的，长得还算英俊的大姚也曾有一帮小粉丝。

后来，由于行业竞争激烈，他们公司逐渐开始走下坡路，他又不喜欢被人管束，干脆辞职单干。

他不喜欢他所在的那座北方城市，辞职后先是各地旅行了一番，一路走一路画，最后在云南定居下来。

那阵子他发的动态都是苍山洱海边享受娴静的时光，茶马古道上展开一段奇遇，大理的酒吧里听一段低吟浅唱。那时候，可把大家羡慕坏了，觉得大姚过的才是潇洒的人生。

后来，动态停更了，过了好一阵儿我才听说大姚早已经从云南悄无声息地回来了。原来，在云南逍遥快活的日子很快就花光了他的积蓄，在那花团锦簇、浪漫绮丽的山水间，他也没有如愿找到灵感，反而越画越差。

为了解决温饱问题，他不得不回来。可是回来后他又没有好的作品，在这行越来越混不下去了。后来，他想反正自己这么聪明，又见过许多世面，这行不行，就转行，总能找到立足之地。

于是，他开始频繁地尝试和跳槽，销售、策划、公关、设计、文案……各行各业他都勇于尝试，但由于没有经验，肯接纳他的多是一些不靠谱的小公司，月薪最高的时候也没超过五千。他就这么不靠谱地折腾了一年多，换了好几份工作，哪一份都没干长，钱自然也没赚到。

后来，他就开始让朋友们帮忙介绍，朋友们虽然有心，但他实在缺乏经验，能帮他找到的职位也多是比较基础的。小职员自然事情杂乱，常被人呼来唤去，工资还不高，而他又眼高手低、没耐性，所以频频干不下去。

大姚很费解，他问我："为什么一个大专毕业的应届生找工作都比我顺利？"

我说："人家当然比你顺利，既知自己是职场新人，他们自然愿意放低姿态，为了解决眼前的温饱，什么杂活儿、累活儿都愿意干，权当是锻炼自己。你呢，你比新人少了青春活力，少了学习能力和服从意识，可是作为职场老鸟，你又缺乏最重要的工作经验。你说要是你是老板，你怎么选？"

这不是大姚一个人的苦恼，其实很多工作了几年的职场老人都有这样的困惑，有很多人都觉得自己的人生道路越走越窄。毕业头两年还敢不断尝试，随着年龄的增长越发觉得转行难，所以也越来越焦虑。

那些想出去走走的人，多半都是处在这个尴尬时期的人。社会压力大，事业又没有起色，想转行却又不知道从何下手，于是不管三七二十一地先逃离眼前的生活。殊不知换个地方根本不能解决你本质上的问题，你回来之后依然还是要面对这些烦恼。而且更为糟糕的是，因为你的离开，原有的阵地也失守了，你的处境只会变得更尴尬。

之所以感到焦虑，说明你还是有追求的。若毫无追求，即便庸庸碌碌、低人一等，恐怕内心也没有波澜。可是偏偏这点儿小追求、小才华，比上不足比下有余，老路走不下去，新路又蹚不出来，所以就这么不上不下地被干架在这儿了。

大姚曾经的同事，漫画画得好的，如今有的在网络上已经成为知名漫画师，画的漫画有的印刷出版了，有的改编成电视剧了。漫画画得不好的，有的果断转行了，现在在新的领域也混得风生水起，有的转行虽然没那么成功，好歹也有了经验。

而大姚眼高手低，没有目标，对工作也没有耐心，更不知道努力学习提升自己的技能，因此一事无成，变得越来越平庸。

他觉得自己有才华，只是时运不济。我们也承认他确实有才华，可是有才华就不需要努力了吗？成功需要仰望梦想与脚踏实地相结合，二者缺一不可。

人到了三十岁最可怕的不是一事无成，而是看不清自己。你只羡慕那些到中年翻身农奴把歌唱的人，却忘了他为了走到今天的位置而付出了多少辛劳。

我对大姚说：“想要真的重新开始，就要把自己的姿态放低，不要老是自视过高，熬过最艰难的头几年，未来自然会慢慢明朗起来的。”

如果你人到三十岁发现自己一事无成，想要有所改变，首先，要静下心来想一想，明确自己想要的是什么，不要像无头苍蝇一样乱碰；其次，你的双脚一定要记得落到地上。

第四章

梦想是用来“捍卫”的，而不是用来“妥协”的

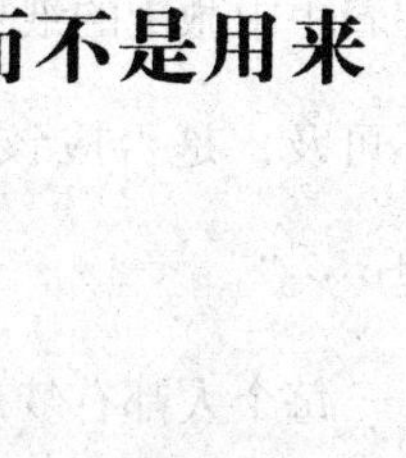

“捍卫”梦想，是需要拼尽全力的

咖啡厅传来一阵熟悉的旋律，我知道那首歌是《老男孩》。握着手中微烫的纸杯，我听到人群中有人在哼唱“梦想总是遥不可及，是否应该放弃？花开花落又是一季，春天啊你在哪里……”

每个人都有梦想，但是实现梦想的人并不多。不是因为梦想有多遥远，实际上是因为我们没有拼尽全力。

在一次旅行中，我认识了瑶瑶。她告诉我，梦想是需要拼尽全力的。

瑶瑶来自河南的一个小县城，大学毕业后，她到县电视台实习。由于工作认真仔细，瑶瑶得到了单位的认可，最终成为一名正式员工。在电视台工作了五年，瑶瑶从一名普通记者变成新闻组组长，手底下管着十多号人，听起来还算不错。瑶瑶的父母很满意，觉得女儿这样就挺好了，催着她快点儿找一个如意郎君。

但是瑶瑶心中还有一个梦想，那就是脱离家乡的小县城，到一线城市生活。

两年前的一天，瑶瑶将自己的想法告诉了家人，遭到了父母的强烈反对。父亲认为她完全是胡闹，工作刚刚稳定下来，基础还不够扎实，就算到了大城市也很难立足。母亲认为她一个女孩子在一线城市无亲无故，万一被骗了怎么办。

瑶瑶对我说，这些问题她也想过。但是她不甘心一辈子待在家乡的一亩三分地，最终从电视台离职，孤身一人前往上海投奔大学同学方兰。

在远离市区的小镇，方兰租了一个地下室。整个房间不到十平方米，摆了两个铁架床，除了一条小过道和门后狭小的空间，根本腾不出多余的地方。瑶瑶觉得大学厕所都比这里敞亮，她不想给方兰添麻烦，承诺找到工作就搬走。

第二天早上，方兰乘公交去上班，瑶瑶开始在网上找工作。她一口气下载了五个招聘网站，疯狂投放自己的简历。没过多久，有几家公司打来电话。简单交流后，瑶瑶紧接着开始了她的面试。在地铁上，她看着周围西装革履的上班族，心里满怀期待。

可是希望越大，失望越大，瑶瑶没想到在大城市找工作会那么难。

第一家公司招聘出镜记者，每个月薪资一万元，是县电视台的两倍，而且还包吃包住。瑶瑶在县电视台就是从记者做起，长相还不错，她认为自己很有竞争力。看着诱人的高薪，瑶瑶决定去试一试，没想到现实在她的头上浇了一盆冷水。

面试官看了瑶瑶的简历后，拿出工作合同说，如果确认无误可以立刻签合同。瑶瑶觉得幸福来得太突然，心里产生了怀疑。她仔细阅读合同上的内容，果然发现了一些猫腻。合同的最后一页写道，需要交纳 3000 元的食宿费。瑶瑶诧异地问面试官："不是说好了包吃包住吗，怎么还要交食宿费?"面试官眼睛都不眨一下，告诉她不要担心，公司只是走一个流程，下个月发工资时会把食宿费还给她。瑶瑶觉得这家公司不靠谱，果断拒绝了。

从这家公司走出来已经到了中午，瑶瑶简单吃了一点儿东西，然后满怀信心地坐上地铁，准备参加下一场面试。第二家公司招收配音员，瑶瑶拥有二级甲等普通话证书，符合公司用人要求。面试官仔细查看了她的个人简历，和她聊了起来。谈到未来职场规划的时候，面试官告诉她新媒体发展非常迅猛，需要大量的优秀人才，问她愿不愿意接受新的学习机会。

瑶瑶疑惑地问："什么学习机会，是不是需要交钱?"面试官笑着说，他们公司是人才输送中心，专门给大公司培养优秀人才。如果瑶瑶愿意学，可以先到公司进行为期两个月的学习，学成后赚了工资分期打到公司财务上就行。学费也不贵，两个月三万八千元，公司提供免费食宿。瑶瑶心里一琢磨，觉得这是一家培训机构，摇头拒绝了。

晚上回家后，瑶瑶向方兰讲述了白天的经历。方兰告诉她这就是上海，并没有想象中的那么美好，机会多的同时坑也不少。但是千万不要灰心，多投一投简历，尽量先在电话上把公司情况了解清楚，然后再去参加面试，可以少走一些冤枉路。凭她五年以上的工作经验，找一份好工作并不难。听了好姐妹的话，瑶瑶重拾信心，继续到各大招聘网站投递简历，她在一周内进行了二十多场面试。

来到上海的第二周，瑶瑶的父亲打来电话，问她有没有找到工作。瑶瑶失落地说，暂时还没有找到。父亲埋怨她不听劝告，放着稳定的工作不干，非要做什么春秋大梦。母亲接过电话安慰她，实在找不到就回来吧，和县电视台领导好好说说，应该还愿意留下她。瑶瑶知道父母是为她好，但是到一线城市生活是她的梦想，如果轻易放弃可能会后悔一辈子。

苦苦面试了半个月后，一家外企向瑶瑶抛出了橄榄枝。这是一家科技公司，招收形象好、有气质的女生，担任云计算项目的自媒体主持。面试时，瑶瑶拿出了之前在电视台的工作视频，受到了面试官的关注。一番谈话后，面试官认为瑶瑶有一定的基础，答应给她一个机会。

第二天早上，瑶瑶早早来到公司。面试官给了她十本有关云计算知识的书，告诉她月底会有一次考试，考试内容就是书中的知识点。面试官补充说，像瑶瑶一样的实习生还有几十个，只有通过月底的考试，才能成为正式员工。瑶瑶没想到，她居然要和一群实习生抢饭碗。有两个实习生当场放弃了，瑶瑶看着厚厚的书咬了咬牙。这是半个月来找到的第一份靠谱工作，她不想轻易放弃。

为了应对考试，瑶瑶每天下班吃完饭就趴在床上看书，经常一抬头就是凌晨两三点。书中有很多难懂的专业词语，瑶瑶上网查不到解释，靠着死记硬背记了下来。为了挤出更多时间，她一个月没化过妆，就连吃饭、上厕所都在看书。方兰多次劝她换一家公司，担心她把身体熬坏了，瑶瑶每次都说自己心里有数。

考试那一天，瑶瑶只用了二十分钟就填写完试卷，监考人员还以为她没有答完，中途放弃了。成绩出来后，瑶瑶取得第一名，比第二名足足高出四十分，如愿以偿地进入了这家公司。方兰听说了这个好消息，喊着要给她办一场庆功宴，瑶瑶摆了摆手，一头扎在被子里睡了整整一天。

我曾经开玩笑说：“早知道第二名和你差距这么大，没必要花那么多时间复习。”

瑶瑶说：“我不是为了和第二名比，而是为了离梦想更近一点儿。如果不拼尽全力，心里一定会留有遗憾。”

在这家外企工作了三年，瑶瑶因为勤奋上进被提升为部门主管。她还找到了自己的另一半，成功地在上海站稳了脚跟。

今年年初，我到上海出差约她见面。瑶瑶告诉我，她虽然实现了到一线城市生活的梦想，但是觉得这还不够。她要努力工作赚钱，给父母在上海买一套房。

我握紧她的手说：“你真是一个励志的人，我要像你一样拼命努力。”

瑶瑶说：“我之所以这么拼命，是为了捍卫自己的梦想。在小县城安稳度日固然可以，但是我受不了那样一眼望到头的生活。来上海之前，朋友们都说我是自毁前程，现在我可以自信地告诉他们，我成功了。”

霓虹灯逐渐照亮街头，我依依不舍地和瑶瑶告别，望着她离去时坚定有力的步伐，我的心情久久不能平静。每天都有无数人行走在追梦的路上，刚开始都满怀期待，可是真正走到终点的人并不多。有的人成天空谈梦想却不努力，只能大言不惭地说自己不愿意去做；有的人还没开始走就打起了退堂鼓，将梦想扼杀在摇篮里；还有人走了一半就放弃了，觉得自己尽力了，就算没有实现梦想也不后悔。

可是我们真的拼尽全力了吗？多少人成天喊着嘹亮的口号，一回家就躺在床上玩手机？多少人将今天就能完成的事拖到了明天？多少人守着手里的工作当一天和尚撞一天钟？

梦想不是随口一说就能实现的，它需要我们全心全意去守护。就像瑶瑶一样，她能够舍弃稳定的工作，为一次面试机会拼尽全力，成功的大门自然会为她敞开。也许有人会说，就算拼尽全力也未必能成功。我想反过来问一句，拼尽全力都有可能不成功，更何况不拼尽全力呢？

“做梦”的样子最美，因为至少还有勇气

今年五一小长假，我没有领略国内的名山大川，而是开车回到了老家，既可以躲避拥挤的人潮，又可以重游故乡的山水。

小长假第三天，我登上了故乡的东山，在山顶遇到几个初中生。他们围坐在一块大石头上有说有笑，仿佛在说什么非常有意思的事。我情不自禁地想要凑过去，忽然想到自己比他们大了十几岁，担心很难聊到一块儿去。但是我还是很想和他们聊聊，最终编了一个借口，请他们帮我拍照。

收起相机后，我从背包拿出一些零食分给他们，然后聊了起来。这几个孩子来自隔壁的村子，在县里的公立中学上初中，出生后一直没离开过县城。谈到我在北京工作时，他们表现出浓厚的兴趣。我告诉他们，大城市不仅有便利的交通，还有各种各样好吃的、好玩的。看着他们无比渴望的眼神，我简单地

介绍了一些，然后语重心长地说："只要好好学习，这些都能得到。"

我以为他们都想去大城市生活，然而聊了各自的梦想后我发现，他们憧憬的未来超乎我的想象。

身旁的小男孩告诉我，他长大以后想当一个工程师，改造村里的每一寸土地。为什么呢？因为他觉得总听别人说大城市好，已经听腻了。他想改变这种格局，想利用自己所学将故乡建设成一个高科技中心。他还说自己有很多好主意，比如将每一座山掏空，打造成一个大型迷宫，吸引全世界各地的人来游玩；比如在公路旁建造无数个宾馆，出租给过路的旅客。他还想建一个最高的大楼，当宇航员在太空航行时可以一眼看到它。我问他："如果长大后梦想没有成真，你会不会难过？"小男孩不屑地翻了一个白眼对我说："不许说丧气话，我还没有做呢，你怎么知道我实现不了？"

另一个小女孩说，她的梦想是成为一名星际旅行家，在浩瀚无垠的宇宙中遨游。她会带一台高清摄像机，记录每一个精彩瞬间。如果足够幸运遇到了外星人，她将代表全人类传达友好讯息，然后邀请他们到地球做客。我开玩笑说："要是外星人绑架了你怎么办？”她笑着说：“不会的，我的飞船是用宇宙中最坚固的材料制造的，而且上面配备了最先进的武器。如果那些外星人充满敌意，我一定可以打败他们。”小女孩向我抱怨，她的妈妈是一名英语老师，总是逼着她看美剧，可是她一点儿都不喜欢。我小声问她有没有把自己的梦想告诉妈妈，小女孩用力摇着头说：“我才不会告诉妈妈呢，她肯定会说我胡思乱想。她把我喜欢的科幻小说都没收了，说是怕影响我的学习成绩。可是她没有想到，我还可以到同学家里看。”小女孩倔强的样子让我无比敬佩。我像她一样大的时候，父母让我做什么我就做什么，是邻居眼里的乖孩子。后来我发现这样并不好，每个人都有自己的兴趣爱好，不能永远做一个提线玩偶，被别人牵着鼻子走。

其他孩子也说了自己的梦想。有人想成为一名导演，打造世界级的功夫大片；有人想成为一名生物学家，研究动物的语言；还有人想成为一个发明家，做一个水陆空都能用的高速汽车……

听了他们的梦想，我回想起自己也曾经这样天马行空地幻想过，但是如今再也不会想这些。随着年龄的增长，我身上的棱角逐渐被磨光了。那个曾经幻想着要改变世界的孩子，只能活在过去。我常常在想，这是多么可悲的一件事。成年人总是觉得自己成熟稳重，认为孩子幼稚、天真。可是成熟就一定好吗？整天醉心于功名利禄，变得越来越老练圆滑，恐怕连做梦的勇气都没有了。如果这就是成熟的代价，我宁愿一辈子做一个小孩子。

也许有人会说，这些小孩子的梦想很难实现。可是梦想如果轻而易举就能实现，那还能算作梦想吗？他们至少还有勇气去想，反倒是一些成年人，日复一日地做着同一份工作，早就丢失了做梦的心。

孩子们的梦想听起来荒诞不经，却是他们对未来的美好向往。虽然我感觉能实现梦想的人并不多，但还是很羡慕、佩服他们。梦想是这些孩子的希望，只要他们心中有梦，人生就会有意义。中学时期，老师讲过克林顿立志当总统的故事，我觉得很鼓舞人心。克林顿 17 岁时，和当时的美国总统肯尼迪握了一次手，产生了想当美国总统的想法。身边的朋友嘲笑他异想天开，克林顿并不在意，一直朝着梦想努力奋斗。大学毕业后，他回到了家乡阿肯色州，毫不畏惧地向周围人说要当国会议员。

大家认为他没有政治经验，克林顿就到处和别人交流学习。1992 年，46 岁的克林顿成功当选总统。如果他年轻时没有做梦的勇气，被别人的嘲笑声打倒，很有可能会平平凡凡一辈子。

有人说，做梦的勇气决定人生的高度。你如果有一个小梦想，为了它不断努力，命运的钟摆就会围绕这个小梦想转动。你如果一开始就有一个大梦想，坚持不懈地拼搏，就会和这个大梦想越来越接近。不要让年龄限制你的想象，不要让嘲笑埋没你的潜能，只要你有做梦的勇气，就有可能走向成功。

梦想从来不是随便说说就可以的

九把刀在小说中写道：“说出来会被嘲笑的梦想，才有实践的价值。即使跌倒了，姿势也会非常豪迈。”

很多人把这句话当作座右铭，结果却一事无成。这听起来有些荒唐，实际上却很可悲。因为人们常常只说不做，还怪罪别人嘲笑自己的梦想。心中有梦不去实践，那就是空谈，就是在做白日梦。

鲁迅先生说：“人生最痛苦的，莫过于梦醒了无路可走。”我认为还有更痛苦的，那就是明明有路却不走，而是一直吹牛，最终只能眼睁睁地看着别人领先。

很多人年轻时认为自己是宇宙的中心，星星、月亮都要围绕自己转。我以前也是这样，觉得自己很了不起，常常对别人说自己将来能改变世界。可是到了现在，那些说出来的梦想几乎都变成了泡沫，真正实现的却寥寥无几。

小时候我很喜欢背唐诗，因为每背会一首诗妈妈就会奖励我两颗糖果。六岁时，我能把《唐诗三百首》倒背如流。小学四年级，我开始尝试自己写诗，还专门买了一个精装笔记本记录自己的“佳作”。同学们笑着说：“你真应该做一个诗人。”我不仅没生气，反而认为这是对我的肯定，更加卖力地进行创作。我拿出自己的诗集给爸爸看，他哈哈大笑，说我写的根本不是诗，而是胡乱拼凑的流水账。我告诉他我长大后要做一个诗人。爸爸皱着眉头问我：“你们班还有想作诗人的同学吗？”我无力地摇了摇头。爸爸告诉我，因为同学们都知道做诗人没有用，长大后得饿肚子。我吓得赶紧扔掉了诗集，不再想做诗人。

初中时，我喜欢在课余时间看小说，经常给好朋友分享一些精彩情节。同桌告诉我，她在新闻上看到有个年轻作家写小说赚了好几十万。我当时非常羡慕，萌生了写小说赚钱的念头。不记得从何时开始，我偷偷在晚自习编写自己的小说。最后还被老师发现了，他没收了我的小说，把我喊到办公室狠狠批评了一顿。我告诉他，我的梦想是成为一名小说家，求他把小说还给我。老师说我这是在浪费大好青春，如果父母同意，现在就可以退学回家安心写小说。成千上万的人在写小说，真正能养活自己的却没有几个。我一听说写小说这么惨，直接打消了成为小说家的念头。

高一分班时，班主任建议我分到文科班。我告诉他我喜欢物理和化学，希望以后成为一个发明家。班主任喊来了我的父母，说我根本不适合理科这条路，如果硬着头皮走下去，没有任何好处，再补习三年也考不上大学。我本来想反驳他，可是一想到理科成绩一塌糊涂就失去了勇气。最后，我放弃了成为发明家的想法。

这么多年过去了，我不知道换了多少个梦想，大部分变成一句句空话。不是因为父母或老师逼迫，而是自己选择了放弃。因为年轻时太过懵懂无知，没有正确认识自己就随意说出梦想，甚至很多时候一开口就知道不切实际。"梦想"二字说起来很容易，把它变成现实却很难。首先，梦想本身要在个人承受能力之内；其次，一定要脚踏实地地努力；再次，要学会忍受奋斗时的孤独，还有他人的冷嘲热讽；最后，可能还需要一些运气。

每个人都有年少轻狂的时候，敢于向身边人谈论自己的雄心壮志，和同龄人“指点江山，激扬文字”。正是凭借年少时的梦想，我们才有了亲身实践的勇气，而不是盲目地照搬前人的成果。追梦之路纵然遍布荆棘，却是一个接近现实、了解现实的机会，我们可以在这个过程中逐渐认清自己，找寻人生之旅的美好意义。

六年前我认识了安然，他在县城北街租了一个小店面，修理自行车和电动车。没人光顾生意时，他就待在店里摆弄那些废旧零件，搞一些小发明。我看过他用自行车轮胎改造的转盘灯，也看过他用电动车改造的健身机。周围人都觉得，安然是一个很有想法的修理工。可是他的妻子很反感别人这样说，觉得他不务正业，像个贪玩的小孩子。

有一次我家的电动车车胎爆了，来到安然的店里补胎。闲聊时他告诉我，修车只是养家糊口的技能，并不是他的人生梦想。他想多发明一些有用的东西，向国家申请专利，出售自己发明出来的产品。我承认他有一些创造力，但是那些简单的小玩意根本搬不上台面，真不知道他哪来的勇气。

他却认真地对我说，他自己的梦想他说了算，不在乎别人怎么看。他修了十年车，利用那些废旧零件做出了五十多个小发明，他觉得梦想正在向自己靠近。看着安然坚定的眼神，我忽然感觉他很了不起，不惧怕旁人的质疑和嘲笑，朝着心中的梦想不懈努力，就算失败了又何妨？我曾经有过很多梦想，可是都只是随口一说，听了别人的话之后就因为惧怕失败轻易放弃了。和他相比我才是那个失败者，因为为梦想而战总好过有梦不战。

去年夏天我经过他的修车店，发现店铺面积扩大了不止两倍，牌匾从“安然修车”变成了“安然车行”。从玻璃窗望进去，里面摆满了崭新的自行车和电动车，装修得非常豪华。进入店内，我看到安然正蹲在一辆破旧的电动车旁边，不知道在研究什么。我笑着问他，是不是买彩票中了大奖，现在的店铺真够豪华的。安然兴奋地告诉我，他发明了一种高速省力的自行车，申报了国家专利，有几个大老板听说后亲自过来查看，认为他的自行车很有市场，就和他建立了合作关系。

我万万没想到，他那些不起眼的小发明，有朝一日真能飞上枝头变凤凰。安然说，研发这辆自行车耗费了他五年时间，中途失败了无数次，多年的积蓄也被他花光了，甚至还和朋友借了一大笔钱。家人多次劝他放弃，他都不为所动，好在自己的努力没有白费。我说：“万一最后你失败了怎么办？”安然认真地告诉我，失败了也没关系，他更享受追梦的过程。是啊，梦想不仅仅是为了达到目标的那一刻，还应该包括为梦而战的坚持和苦尽甘来的喜悦。

在梦想初长成的年纪，我本可以选择其中一个梦想努力坚持下去。可是我并没有那样做，因为我太在意别人的看法，太担心承担失败的后果。其实梦想有多远并没有关系，只要你有愚公移山般的意志，它就会离你越来越近。过去的时光再也回不来了，幸运的是我们还有今天和明天。那些虚幻缥缈的梦想，该舍弃就早点舍弃。静下心来好好问问自己，究竟想要做什么事，应该如何努力才能做到，然后付诸行动，这才是一个追梦人应该做的事。

我现在很讨厌那些只会夸夸其谈的人，他们就像年轻时的我，不知道实际行动起来有多难，也意识不到自己的不成熟。其实有梦想并没有什么了不起的，你说得天花乱坠也能够获得别人的赞许，可是你没有努力实现它，就不要怪罪别人笑话你说大话。

我身边有一些朋友，他们是大家眼里的成功人士。很多人羡慕他们站在领奖台上的耀眼，却不知道他们为梦想付出了多少心血。当人家早起背诵课文时，你可能还在被窝里酝酿美梦；当人家认真进行每日总结时，你可能还在床上悠闲刷剧；当人家周末出去补课提高自己时，你可能正待在商场乐不思蜀……每个人每天都有 24 个小时，你选择辛苦一点儿还是舒服一点儿，直接决定了你的未来。

你的梦想，不是用来被人嘲笑的

每个人都有梦想，有些梦想举手投足之间便可实现，有些梦想即使你使出九牛二虎之力也不一定能成真。那些难以实现的梦想，往往会引来别人的嘲笑。面对嘲笑，不管你是选择坚持还是放弃，梦想都在那里。既然如此，让他们去嘲笑吧！只要你努力坚持，说不定哪一天梦想就成真了。若是不坚持，连个梦想成真的机会都没有。当梦想成真的那一刻，他们的嘲笑自然就变得苍白无力了。

电影《当幸福来敲门》中有一句台词说得很好：“如果你有梦想的话，就要去捍卫它。”

江月常常对我说：“走自己的路，让别人说去吧。”我至今还能想起他第一次说这句话时的场景。

我和江月很小就相识，他的父亲经常找我父亲下棋，常常带他过来和我玩。我是一个外向开朗的小女孩，从小乖巧懂事，对父母言听计从。江月却很内向，年龄的增长并没有改变他的性格，反而使他更加沉默寡言，这令他的父母非常头疼。

江月小时候很喜欢音乐，他的父亲特意送他到音乐班学习。他非常有天赋，很多曲子一学就会，从此家里贴满了各种比赛的奖状。母亲总是在我面前说隔壁的李阿姨生了一个音乐家，问我有什么梦想。

我小时候哪懂什么梦想，不过是在母亲给出的几个选项中选择最喜欢的一个。我当时都没好好思考，随口说："我想成为一名军人。"母亲还很高兴，说我是一个女中豪杰。可是后来我根本没朝这方面努力。

江月比我坚定得多，周围人从小就夸他是未来的音乐家，后来他真的走上了这条路。

初中时，我们又分到同一个班。我还是像儿时那样外向开朗，身边有很多朋友。江月的沉默寡言让大家都觉得他很孤僻，班里没几个人愿意和他玩。

每到周末，他还是会跑到音乐班学习。学校举办各种文艺晚会，他总是踊跃报名，所有老师都知道他多才多艺，小提琴、吉他、钢琴都是他的拿手乐器。他唱歌也很好听，音乐老师总在课上让他领唱，大家却在背后喊他“孤独歌手”。

其实江月也很想和同学一起玩，他只是不善表达。我常常看到他和一些小学生一起玩耍，在阳光下笑得非常灿烂。

一次体育课上，班里的同学谈到梦想。江月认真地说，他想成为像贝多芬一样伟大的音乐家，将生活中的美好演奏出来。同学们却嘲笑他白日做梦，贝多芬可是世界著名的“乐圣”，也是“交响乐之王”，江月怎么能比得上？

听了同学们的嘲笑，江月默不作声，抬起头仰望天边的云彩，眼神无比坚定。我当时感觉他很忧伤，拉起他的胳膊走到篮球架下，微笑着说：“不要在意他们的话，我知道你有远大的理想，我相信你。”他目不转睛地盯着我，双眼湿润起来，笑着说了一声“嗯。”

初二时，班主任把江月的父母叫到学校，告诉他们江月严重偏科，如果继续下去将无法考上高中。他的父母非常着急，便不让他再去音乐班，周末必须到补课班补课。他们认为，音乐无法让孩子成家立业，只有拿到大学文凭才能在社会上立足。

暑假期间，我端坐在家里做试题，江月喊我出去陪他散心。

那天中午，太阳火辣辣地炙烤着大地，我们来到公园，在一棵大杨树下乘凉。他像个猴子似的爬到树上，坐在两米高的树枝上向我伸出双臂。我小心翼翼地爬到树枝上，紧紧靠着他，生怕一不小心掉下去。这时有微风从耳边拂过，我觉得心旷神怡。他忽然回头问我："你长大后打算做什么？"

我当时根本不知道如何回答，只记得父母想让我考大学，所以我一直努力学习。

他以为我没听见，在我耳旁又问了一遍："我说，你长大后打算做什么？"

我想了想，轻声说："爸妈想让我考上大学，当一个老师。"

他冷哼一声，问我为什么要听父母的话，难道就没有自己的梦想。我认真琢磨他的话，一时半会儿想不明白。很长一段时间，我都在父母的规划下成长，他们说什么好我就做什么，他们想让我成为什么，我就努力去实现。

我抬起头对江月说："我知道你有音乐天赋，想成为一个音乐家，你一直那么努力，梦想一定会实现。"

他双拳紧握，微笑着说："谢谢，总有一天他们会理解的，就像你一样。"我知道，江月说的是那些质疑他梦想的人。

我告诉他，其实我想成为一名作家，但是父母肯定不会同意。

他拍着我的肩膀说："梦想就在你心中，走自己的路，让别人说去吧。"他说话的样子是那样豪迈，我深信不疑。中考后，江月到外地上学，我们就此断了联系。

高考成绩出来后，我拒绝父母为我挑选的专业，站在他们面前大声说："不用你们管，我想自己选专业，我有自己的梦想。"我还记得他们目瞪口呆的样子，我猜他们当时很难过，但是我不后悔，因为这是捍卫梦想的第一步。

父母最终还是同意了我的决定，说我长大了。我高兴地笑了，转身之后眼角流出激动的泪水。

大学毕业后，我听说江月回来了，在端午放假期间我去看他。虽然七年未见，但是我偶尔听说过他的故事。先是逃课参加音乐比赛，一曲成名后放弃高考。然后被推荐进入音乐学院，唱片公司和他签了合同。如今的他已是一位人气歌手，多次登上荧屏。他从未放弃自己的音乐梦，让那些曾经嘲笑他的人竖起了大拇指。

他家门口停满了车，院子里人头攒动，其中有很多慕名而来的记者和粉丝。我艰难地从人群中挤进去，看到了那张熟悉的脸。我大声呼唤江月的小名，成功吸引到他的注意。他匆忙避开闪光灯，悄悄对我说，下午六点到公园等他。我看到他很快被人群再次淹没，从未料到有朝一日他会如此受欢迎。这哪儿还是那个沉默寡言的江月!

公园那棵老树下，江月如期而至，摘掉帽子、墨镜和口罩。他仍然像个猴子似的蹦到树枝上，向我伸出双臂。我激动地坐在他身旁，不再担心会掉下去。岁月在他的脸上刻下少许皱纹，时光在他的眼里画上沧桑。我猜，他为了追寻音乐梦，一定付出了很多。

我忍不住问他:“听说你曾经为了音乐放弃高考，难道不害怕父母指责，不担心走上一条不归路?”

江月告诉我，他确实担心过、焦虑过、恐惧过，但是一想到自己爱好的音乐，就有了抗争的勇气。他告诉我:“别人都说你不行，那是因为他们害怕失败。别人都在质疑你，那恰好也是证明自己的机会。别人怎么说那是别人的事，只要你信念坚定，一如既往地朝着梦想努力，全世界都会为你让路。”

看着自信满满、无比坚定的江月，我被激励了，仿佛也瞬间有了为梦想不顾一切的勇气。

就像我曾经对江月说的，我的梦想是成为一名作家。为了成为作家，我说服了父母，大学学了文学。毕业后，同学们都各奔东西，有的进了大公司做文员，有的考了编制，有的直接改了行，从事文学创作的可谓寥寥无几。

我的梦想在很多同学眼里都成了不可能实现的“笑话”。

有的戏谑说：

“呦！大作家，我期待你的大作哦！”

“什么时候出书了，别忘了寄一本给我，要是我还能看清字的话。”

有的劝我说：

“实际点儿吧！赶快找个稳定工作，别浪费时间。”

“你以为作家谁都能当，那也是需要天赋的。”

……

否定的声音太多，但并没有浇灭我内心燃烧的梦之火。几年来，我孜孜不倦地敲打着文字，抒写着内心的悲喜故事，虽然这一路饱尝寂寞与辛酸，但幸好不负努力。

时至今日，成千上万的读者已经成为我前进的力量，曾经的那些质疑也早已变成了嘉许，我终用汗水和坚持捍卫了我的梦想。

至此，我想要告诉你们的是，梦想不怕被人嘲笑，就怕你自己放弃。冲破重重阻碍，冲破一切质疑，坚持最初的梦想，勇敢去走自己的人生路。

梦想怎可“妥协”，该倔强就得倔强

“梦想还是要有的，万一实现了呢！”我很喜欢这句话，因为它能给人希望。

我常常对那些不善坚持的人说：“只要你不放弃，就有可能成功；一旦你放弃了，就绝对会失败。”很多人认为现实扼杀了自己的梦想，但我想问问他们，真的为梦想努力坚持过吗？

亚楠是起点中文网的签约作家，她的小说非常畅销，好几本书已经被改编成电视剧。她因此赚了不少稿费，还在北京四环给父母买了一套房。母亲每每向人谈起这件事，总是开心得合不拢嘴。父亲却觉得这一切多亏了他，要不是他从小鼓励女儿多读书，亚楠也不会有今天的成就。

但是亚楠跟我说，她能成为一名畅销网络小说作家，离不开对梦想的“不妥协”。

亚楠的父母是市一中的老师，他们希望女儿能够考上名校，所以从小就对她管得很严。上小学时，亚楠放学写完作业不能出去玩，必须到钢琴班学习。周末时间母亲也给她安排好了，各种补课班排得满满的。在父母的规划下，她从学前班到初中毕业，一直是全校第一。

亚楠考上市一中后，母亲为了监督她学习，让她住在教师宿舍。每天晚上回家，她还要多做一个小时试卷。高二的一天晚上，亚楠回家特别晚，她解释说和同学一起出去吃夜宵。母亲觉得没什么大不了，让她以后早点儿回家，因为还要做试卷。可是第二天晚上，亚楠又回来很晚，母亲便起了疑心。第三天晚上，母亲悄悄跟在亚楠身后，发现她并没有和同学吃夜宵，而是一个人来到图书馆看书。看的是什么书呢？古装言情小说。

母亲气坏了，拧着她的耳朵痛斥道："我以为你在这里复习功课，没想到却在看这些乱七八糟的东西，你这是在作死！还有一年就要参加高考，怎么能在这上面浪费时间？"

她反驳道："不就晚回来一会儿吗？我把你给的卷子做完就是了。"

"你还敢顶嘴！有本事再说一遍，你的卷子是在给谁做？"

亚楠嘴里嘟囔着说："本来就是嘛，从小到大每天叫我学习，就连过年都不能休息，你有没有问过我愿不愿意？我现在已经是全校第一了，你还想要我怎么样？"

母亲狠狠打了亚楠一巴掌，气愤地说："还不是为了让你考个好大学！"

亚楠摸着滚烫的左脸，哭着说："这样的大学我不稀罕！"然后拿起书包冲出了图书馆。

看着亚楠远去的背影，母亲伤心地落下眼泪。一直以来，亚楠都是她手心里的乖宝宝，从来舍不得打骂。可是这一次她太生气了，没想到女儿说话这么冲，完全不理解她的一片苦心。

亚楠母亲回家之后，将女儿看小说的事告诉了孩子父亲，哭喊着说女儿长大了不听话，还一个劲儿和她顶嘴。父亲安慰说，孩子只是一时糊涂迷上了小说，母女俩好好沟通沟通就没事了。亚楠将头缩在被窝里，依然可以听到母亲的哭泣声。她觉得自己也很委屈，不理解母亲为什么把她逼得那么紧。不过她也不想让母亲难过，再也没去图书馆看小说。

一年后，亚楠考上了名牌大学。成绩公布的那一刻，她觉得浑身轻松了，像是完成了父母的心愿。她的大学专业是电子信息科学，同学们喜欢在课余时间研究编程，而她却泡在图书馆看小说。大学期间亚楠读了很多小说，从鲁迅读到林徽因，从三毛读到海子。她还报名了校文学社，积极参加各种写作比赛。室友好奇地问她，这么喜欢小说为什么不报考文科专业。亚楠说专业是父母为她选的，便于毕业后找工作。她虽然喜欢看小说，但是不想让父母伤心。

转眼间就到了大四。老师把亚楠叫到办公室，先是夸她学习努力、成绩优异，然后告诉她一个好消息，学校想要推荐她去微软公司工作。亚楠却说，她对微软没兴趣。老师以为亚楠心中还有更大的目标，没想到她说打算以后写小说。

老师一脸困惑，觉得亚楠在开玩笑。作为系里数一数二的好学生，就算不考研、不考公务员，也该找个像样的工作。一个理科尖子生，放弃自己擅长的专业去写小说，这难道不是乱来吗？

亚楠说，她是认真的。她从高中开始就爱上了小说，虽然大学成绩很好，但是并不喜欢自己的专业。她打算报考现当代文学研究生，提高自己的文学素养，为写小说做积累。

老师语重心长地告诉她，只要顺利进入微软公司，用不了五年，她一定能成为一个优秀的软件工程师。亚楠谢绝了老师的好意，她说想要做自己喜欢做的事，不然就算成功了，也不会快乐。

离开办公室后，亚楠来到图书馆看书，一向寡言少语的父亲打来了电话。父亲质问她是不是打算跨专业考取文科研究生。亚楠意识到，一定是老师给家里打了电话。她小声说了一个“嗯”，听筒里传来父亲的怒吼声：“你这不是胡闹吗！放着好好的软件工程师不做，写什么狗屁小说？”

亚楠没有怪老师给家里通风报信，她料到早晚会有这么一天，但这一次她不想再妥协。她坚定地说：“软件工程师也许能赚很多钱，可是人活着难道只是为了大把的钞票吗？这些年一直在你们的安排下生活，我已经受够了！我是一个鲜活的人，不是用来实现你们计划的机器。如果想当软件工程师，你们自己去当吧！”

父亲沉默了，身旁的母亲也沉默了。他们忽然觉得，亚楠的话也不无道理，孩子的未来应该由她自己做主。母亲挂掉了电话，心情平静后给亚楠回了一条短信，承诺以后不会再为女儿规划人生了，既然女儿已经长大了，就放开翅膀勇敢飞翔吧！

如果梦想太重从高空坠落，父母会伸开双手接着她。

看了母亲的信息，亚楠很后悔刚才的大喊大叫，她觉得父母一定很伤心。但是她又很欣慰，因为她的不妥协换回了自己追梦的权利。

六年前，亚楠遵从自己的喜好成功考上研究生。她在起点中文网注册了一个作家账号，连载自己的第一部小说。创作之初并不容易，短短三千字她就花费一整天的时间，而且还没有多少读者。可是她没有灰心丧气，而是认真阅读畅销小说，学习他们的遣词造句和表达技巧，继续更新自己的小说。每当有人在评论区留言，她都会认真回复。就算遇到一些态度不好的读者，她也会耐心地沟通，思考自己有没有犯错误。长期的文化积累让她形成了隽永的文笔，喜欢她小说的粉丝越来越多。

几个月后，亚楠收到网站编辑发来的邮件，邀请她成为起点中文网的签约作者。她开始靠自己的小说赚钱，即使薪资很低。父亲认为亚楠这样做下去没有前途，不如继续研究编程。因为写网络小说的人特别多，那些有名气的作家掌握了大量粉丝，像她这样的新手很难生存下去。亚楠说，万事开头难，她愿意为自己的梦想努力坚持下去。

六年以来，亚楠没有断更过一天，累计写下一千多万字，很多人把她称为“女版唐家三少”。她也没有停下学习的脚步，每天坚持阅读名家作品，文字功底越来越深厚。两年前，她的一本历史小说被改编成电视剧，亚楠因此成为一名畅销网络小说作家。父母也开始理解她，对她竖起了大拇指。亚楠告诉我，幸亏当时没有妥协，否则不会有现在的成功。

每一位家长都希望儿女成为人中龙凤，他们从小就按照自己的规划教育孩子。可是他们的规划就一定正确吗？如果亚楠听从老师和父母的安排进入微软工作，或许会成为一名软件工程师，但是谁能保证她不会后悔？

每个人都有自己的人生道路，其他人都是这条路上的指引者或过路人。没有谁能安排好一切，因为世界在无时无刻地在变化着。年轻时，我们涉世未深，遵从父母的建议理所当然。长大后，便不应该再盲从，因为只有你自己才真正了解自己想要什么。

为了自己的梦想，该倔强时一定要倔强。也许你不会成功，但是至少不会留下遗憾。

请允许我的梦想不“高大”

看到“梦想”二字，我总能回想起童年时的那一幕。

一位和蔼的老师站在讲台上，对着台下的学生说：“同学们，你们有自己的梦想吗？”

一群小学生拖着长长的尾音说：“有……”

老师满怀期待地看着众人，希望有自告奋勇者讲一讲自己的梦想，结果却没有人举手。过了几秒钟，老师指着南边的窗户说：“从这一排开始，大家轮流说一说自己的梦想。”

我很庆幸自己坐在教室中间的位置，这样就可以好好准备一下措辞，不至于像第一位同学那样紧张。我当时根本不知道自己的梦想是什么，因为之前从来没有想过。但是我绝对不能让老师和同学们知道我没有梦想，于是决定“照猫画虎”，照几个说得好的加工一下当作自己的梦想。

有人说："老师，我长大以后想当一名警察，帮忙抓小偷。"

老师笑了笑说："很好，下一个。"

"老师，长大以后我想当歌手，每天给妈妈唱好听的歌。"

"老师，长大以后我想当一名航天员，带着爸爸妈妈去看星星。"

……

我以为准备之后就不会紧张，没想到站起来还是会害怕。周围格外安静，身边有无数小眼睛看着我，我只好抬起头望向黑板正上方的五星红旗，然后张开小嘴说："老师，我的梦想是……"

是什么呢？由于当时太紧张，说了什么早就忘记，只记得老师说了句"很好"。

时至今日，人们还在时不时谈论自己的梦想。可是多少人已经忘记了儿时的梦想，或者根本没人能记得住？即便记住了，又有几个人实现了呢？

高峰当时也在这个班，他是我的"大哥"。我们班有十几个男生，他是个子最高的一个。一次玩游戏，按照个子高低扮演葫芦娃，他就成了我的"大哥"，我就化作他的"葫芦妹"。他并没有铜头铁臂，也不像葫芦兄弟那样正义，小时候还经常欺负我，可是我却牢牢记得他的梦想。

他当时坐在最后一排，站起来就像住我家对面那个四年级的学长。他红着脸说：“老师，长大以后我想当一个武林高手，那时，谁也不敢欺负我。”

老师笑着说：“你这个梦想很有趣，现在有人欺负你吗？”

他噘着嘴喊道：“没有，老师。”高峰的样子就像一名军人，站得直直的，说起话来干脆有力。

我家离他家不远，大概几十米左右，所以我们常常跑到对方家里玩。他有一个缺点，就是特别爱吹牛。一有空就和我说自己会武功，每次我说不信，他就揪我的小辫子。在武力威胁下，我承认他的确会武功。现在回想起来，这和他的梦想有一定的关系。

转眼间到了小学四年级，他跑到我家对我说，明天他就要转学了。我感觉很伤心，虽然他常常欺负我，但是我们的感情还是很深厚的。

临行前他递给我一张小纸条，上面用铅笔写着他妈妈的手机号码。

我担心以后再也见不到他，将舅舅送我的一本汉语词典转赠给他。他红着眼跟我说了一声“对不起”，承认他过去没少欺负我，叫我不要记恨他。我只想到不知道什么时候才能再见到他，完全忘了他是一个“武林高手”。

小学五年级，父母到外地工作，我也登上了转学的列车，混乱中弄丢了高峰给我的那张小纸条。我当时伤心极了，比当时看着高峰转身离开还要难受。因为那一张纸，是我们友情继续的唯一念想。我以为，我和高峰之间的那根友情线已经断了。母亲安慰说，天下没有不散的宴席。我最后释怀了。可是命运真的很奇妙，有些人注定不是你生命中的过客，无论你悲伤或者喜乐。

初二暑假，我静静地坐在家中做暑假作业。母亲从集市归来，带回一堆美味的食物，同时还带来一个惊人的消息。母亲说，高峰给她打了一个电话。我当时几乎忘了他的模样，可是却清晰地记得他经常揪我的头发，以及他的梦想是成为一个武林高手。

我惊叹于他居然找到了我家的电话，因为分别时我明明没有告诉他。后来我才知道，他从小学老师那里打听来的。

母亲把手机递给我，让我给高峰回个电话。我坐在床边，却不敢按下拨号键，因为我不知道接下来该说什么。母亲告诉我她一会儿还有事，我一咬牙，按下了那个曾经丢失的号码。

电话那头传来一个陌生的声音，他说他是高峰。我记得他原来的声音不是这样，难道是发育所致？我担心他是一个骗子，试探性地问他记不记得我送了他一本什么书。他笑着说，那本汉语词典就在他的桌子上，可惜封皮坏掉了。听到他的回答，我开心得差点儿流出眼泪。

高峰说他现在不上学了。我像个大人似的问他："这么年轻就不上学，还能干什么？"他不满地说，他现在在河南一个武术学校学武，而且可厉害了，一个手指就能打倒我。我心里是不信的，脑海中却浮现出他力大无比，一个手指打倒人的样子，感到无比滑稽，不由自主地笑了。他却冷静地说："我就知道你不信，走着瞧吧，总有一天我会成为一名武林高手。"这时候我听到他的母亲喊他吃饭，他急切地问我有没有 QQ 号。我把我的 QQ 号告诉了他，补充说这是去年用舅舅家电脑申请的，已经闲置了很久。高峰让我有机会同意他的好友申请，然后就挂断了电话。

半个月后，我到舅舅家加上了高峰的QQ。他告诉我，他小学毕业后就辍学了，想到武术学校习武，可是父母不同意。他一冲动骑着自行车离家出走，父母报了警，在隔壁县的公路上找到了他。回家之后，他们一家三口彻夜长谈。父母语重心长地告诉他，现在这个社会文凭很重要，好歹混一个高中毕业证，到时候想学武也不晚。他却说，如果不让他去武术班，就回老家放羊。父母无法说服他回去上学，最终遂了他的意，送他去河南有名的武术学校习武。

我将高峰的事告诉了母亲，母亲对我说："学武有什么用，长大了连饭都吃不上。你可不能学他，一定要好好学习，考个好大学。"我不知道母亲当时为何如此说，但还是点了点头，照着她说的做了，也许当时我害怕长大了吃不上饭。多年以后我意识到，母亲只是为了让我安心学习。高峰并没有吃不上饭，只是走了一条更加坎坷的路。

两年前，我应他邀请来到一个影视基地。高峰说，他现在是一名武术老师，被剧组选中担任武术指导。我欣慰地看着他，祝贺他完成儿时的梦想，成为一名武术高手。他却告诉我，没想到会这么辛苦。我了解到，从武术学校出来后，他混迹于大小影视剧组给演员做替身。他常常被打得鼻青脸肿、满身是伤，最严重的一次，他从威亚上掉下来摔断了五根肋骨。他整整做了十年替身，不知道受了多少罪，才终于混到武术指导这个位置。

我问他："是不是后悔小时候没听家人的话，辍学到河南学武？"他坚定地说，这就是他的梦想。虽然和小时候想的不太一样，但是他觉得很满足、很踏实。我开玩笑说，直到现在我才相信他会武功。高峰哈哈大笑，摸着后脑勺说，以前总骗别人他会武功，没想到有一天会成真。我知道，他口中的"武功"并不是我心中的"武功"。但那又怎么样呢？他在我眼里就是一个武林高手。很平凡，也很高大。

高峰问我有没有实现小时候的梦想。我的笑声戛然而止，不知道应该如何回答，因为我早就记不清小时候的梦想了。他觉得气氛有些沉重，伸出手掐了一下我的左脸，嬉皮笑脸地说："我还记得呢！你的梦想是成为一名作家，现在不是实现了嘛！"他这一下突然袭击让我身心一颤，我不知道他是真的记得我在课堂上说过的梦想，还是只是为了让我开心编造了谎话。我只是觉得，他现在不止会一种武功。

梦想可能只是孩童时期的一个想法，很多人都产生过这样的想法。像我一样忘记儿时梦想的人有很多，能够把梦想牢记心中，并且变成现实的人却少之又少。我忽然想起了哲学家柏拉图摆臂的故事：苏格拉底让自己的学生每天坚持摆臂三百下。一个月过后90%的人做到了，三年过后却只有柏拉图一个人能做到。想到这里，我觉得高峰真的是我面前的一座“高峰”，他的梦想并没有多么高大，但是他努力实现了它。

第五章

生活，有时是需要硬着头皮走下去的

在最坏的境遇，也要努力做最好的自己

1

小区门口有一家不错的理发店，我经常去光顾，算得上是熟客。

两年前的一次，我带着女儿去剪头发的时候，一个趴在理发桌上认真看书的女孩吸引了我的注意。正是中午的时候，店里的客人并不多，店员们三三两两围在一起聊天，只有那个女孩仿佛听不到周围的吵闹，正拿一本书聚精会神地看着，连我和女儿进来都没有发觉。

后来，我从老板娘的口中得知，原来这女孩是新来的打工妹，平时挺爱看书的。

因为对女孩印象十分深刻，再去打理头发的时候，我每次都会请她为我洗头。熟悉之后，我也对女孩的故事有了更多的了解。

女孩叫招娣，听这个名字就知道，她出生在一个重男轻女的家庭。原本招娣的学习成绩是非常优秀的，一度被老师们看作考重点的“尖子生”。可是，因为家庭贫困，承受不起两个孩子上大学的费用，于是勉强让招娣念完高二后，一心想让儿子出人头地的父母说什么也不让招娣继续念下去了。

退学后，招娣在家帮父母种了两年地。后来，她意识到自己不应该将人生埋没在那一堆黄土中，便央求父母让她出去打工。

因为这家理发店的老板刚好是招娣的一个远房亲戚，所以，招娣的父母便把招娣送到了这里，希望她学门手艺，将来也好多赚点钱供弟弟念大学。

尽管没办法圆自己的大学梦，可是招娣并没有自暴自弃，在工作的间隙，她总是会抓住一切碎片时间去看书学习。招娣和我说，她的目标是先考一个会计资格证，这样，她就离自己的会计梦更近一步了。如果有条件，等过两年攒够了钱，她还要再去念一个成人大专。

为了实现自己的目标，招娣十分努力。白天的时候，她在店里勤勤恳恳地工作，晚上下班后，便开始拼命啃书。因为底子太薄，读懂那些晦涩的专业书籍对她来说并不轻松，但她知道笨鸟先飞的道理，一遍看不懂就看两遍、三遍。

知道招娣的故事后，我内心深处对她油然产生一些敬佩。即便在那样艰难的境地里，即便人生有太多无奈，可是坚韧乐观的招娣却没有放弃对美好生活的向往和追求。她利用并创造一切机会，努力做着更好的自己。

2

如今，每次想起招娣的故事，我总会想到去年曾看过的一部动漫电影《养家的人》。电影的主人公——十一岁的帕尔瓦娜，也是一个在最坏的境地努力做最好的自己的典范。

《养家的人》讲述的是一个发生在塔利班统治时期的故事。原本帕尔瓦娜有一个幸福而快乐的童年，她的父亲是一名教师，母亲是一位作家，他们教帕尔瓦娜读书、写字，还常常给帕尔瓦娜讲一些关于民族和历史的故事。

然而，这一切随着塔利班时代的到来结束了。在极端组织的统治下，帕尔瓦娜的父亲和母亲双双失业了。因为战争而失去一条腿的父亲为了维持生计，不得不每天带着十一岁的她到市集代人写信、读信。

不幸的是，命运并没有因此而放过帕尔瓦娜一家。有一天，父亲因受人诬陷，遭遇了牢狱之灾。

在当时的阿富汗，女性不能外出工作，不能暴露身体，没有男性的陪伴，也不能出门。而在帕尔瓦娜的家里，除了父亲这唯一的壮男力外，只剩下体弱多病的母亲、待字闺中的姐姐，以及她和尚且年幼的弟弟。这也就意味着，随着父亲的入狱，他们一家也失去了生活的来源。

这时候，为了担起养家的重担，十一岁的帕尔瓦娜站了出来。她剪掉了心爱的长发，穿上了已故哥哥的衣服，假扮成男孩子去工作赚钱，在努力支撑起那个摇摇欲坠的家庭的同时，也踏上了救父之路。

在整部影片中，有一个情节令我印象尤为深刻，那就是：每次当帕尔瓦娜安全回家后，她总会开心地松口气，那一刻着实让人为她开心，令人心疼。

尽管由贫穷、歧视、黑暗的政权和残酷的战争等编制而成的沉重现实几乎压得帕尔瓦娜喘不过气来，但是勇敢的帕尔瓦娜并没有妥协倒下，而是努力做着更好的自己，始终以乐观的心态，对抗着黑暗和困境。

生长在逆境中的植物，只要努力向阳，也一样能开出最艳丽的花。而帕瓦尔娜，就是那种在绝境中依然乐观向上、努力绽放的珍贵之花。

3

我常常会思考这样一个问题：苦难的意义究竟是什么？

如果认真区分起来，事实上，苦难应该分为两种，一种源自内心，一种源自环境。而在这两种苦难中，前一种源自内心的苦难，才是无可救赎的、真正的苦难。因为这种苦难，往往让人无处可逃，只能一辈子被挟制；而后一种源自环境的苦难，虽然表面看起来可怕，但只要你勇敢地面对它，你或许就可以战胜它，甚至让它成为你变好的砝码。

所以，我从来不赞成“生活苦多”的说法。因为在我看来，苦难存在的最大价值，就是能够逼着你跟你自己更近、更紧地贴在一起，生命的长短和苦乐，也仅仅取决于你如何去处理和平衡你所处的环境、所在的世界。

即便是在最坏的境地，也要努力做最好的自己。要永远坚信，那些你正在承受或已经承受的苦难，最终都会变成督促你更好地前进的动力的源泉。

前段时间，因为工作太忙，我一直没有去那家理发店护理头发。上个星期，当我再次跨进店门的时候，意外地发现几乎从来不请假的招娣不见了。

向老板打听后我才知道，原来去年招娣真的通过了会计资格证考试。因为同我一样喜欢这个努力上进的姑娘，老板娘便将她推荐给了自己的一位朋友，现在，招娣在那位朋友的公司里做出纳，据说表现非常不错。

听到这里，我由衷地为招娣感到高兴。

在这个世界上，许多的人总是喜欢埋怨命运对自己过于亏欠，却很少有人能够在身在黑暗谷底的时候，仍然不忘为自己留一扇窗，把最明亮的光束引进来。而招娣做到了，在人生的绝境，她始终在努力向阳，她为自己汲取了足够支撑她到达更高位置的养分，所以，她拥有了如今更美好的生活。

并且，我始终坚信，在不久的未来，她还将不断地指引自己走向更高的位置。

不怕前路曲折，就怕畏畏缩缩

张波是我的邻家哥哥。初三那年，他辍学到外地打工，之后十多年我们没见过面。直到不久前，我回老家办事，在村口的小超市门口，我喊住了他。

他当时背对着我，穿了一身名牌。我右手轻拍他的后背，问他是不是张波。他拎着车钥匙慢慢转过身，反问我是不是阿梅，称赞我这么多年不见还是那么漂亮。

我羞涩地点了点头，用余光瞅了一眼他身旁的名车，心里满是震惊。据我了解，这款车售价超过百万，在我们这个小地方百年难遇。

他似乎发现我走神了，让我在这里等一会儿，他要到超市买一箱啤酒。我随口回了一声，心里却在琢磨这辆车是不是他买的。没过多久，他从超市抱着一箱啤酒出来，安稳地摆放在车后座上，然后拉开副驾驶的门，邀我到他家坐一坐。

我吞吞吐吐地问他车是哪儿来的，张波云淡风轻地说这辆车是公司送给他的。

我疑惑地问：“你不是在建筑工地干活儿吗，现在待遇这么好？”

张波咧嘴笑道：“那都什么时候的事儿了，你先上车，到我家咱兄妹俩慢慢聊。”这一声“兄妹”让我内心一阵温暖。仿佛瞬间看到了十几年前，我被同学欺负时，他挺身而出时的样子。

上车后，我看着他手腕上的金表，称赞他这些年混得不错。他却无奈地摇了摇头，眼神中满是沧桑，紧握着方向盘说，其实他受了很多苦，最近两年才开始发家致富。我问他到底经历了什么，他推托说马上就到家了。说话的工夫，他将车子平稳停在路边，招呼我走进他家的大门。

十几年前，张波家的大铁门锈迹斑斑，院子里杂七杂八地种了一些农作物，黑色的大狼狗成天乱吠。如今朱楼碧瓦，脚下的鹅卵石闪闪发光。院子里还有一只狗，但是仅从外形就能看出，那是一条名犬。

屋内的装饰明显变得豪华起来，超大屏的网络电视代替了原来那个“大头娃娃”。冰箱、空调、洗衣机都是进口货。脚下开裂的水泥地面不见了，取而代之的是镶满水钻的大理石地板。回想起他在车上说的“受苦”，我觉得跟眼前的一切格格不入。直到他讲述了自己的经历，我才理解这些年他过得并不容易。

初三下学期某一天，张波骑着自行车来到我家，跟我说第二天他不去上学了。我疑惑地问他是不是要我帮他捎假条。他垂头丧气地说，再也不用去上学了。由于成绩太差，父母想让他跟着舅舅去上海打工。

张波的舅舅是一个包工头，上海很多大楼都是他舅舅一手包办的。他的父母也想让张波成为一个建筑工人，没想到他一学就是七年。用他的话说，这七年一直在帮别人盖房子。

他从小就非常强壮，同龄人中力气最大，现在给我的直观印象还是那么“厚实”。也许正是这个原因，他的父母想让他成为一名出色的建筑工人。他也没有让家人失望，用了几年时间在建筑工地当上了小队长。父母以为他会像他舅舅一样成为包工头，在上海安家落户，没想到他自己却做出了改变。

七年的工人经历让张波觉得日渐乏味，他开始在深夜思考自己的未来。他对我说，初三那年跟着舅舅南下打拼，根本原因是没心思在学校学习，想要找点儿事做。虽然后来当上了小队长，距离包工头只有一步之遥，但是他并不喜欢这份工作。尤其是在上海，高楼作业让人胆战心惊，整天灰头土脸看起来就像乞丐一样。同样是赚钱，为什么不去找一份自己喜欢的工作呢？

我疑惑地问他："你喜欢的工作是什么？"他说："我想当一名歌手。"我似乎有些明白了。记忆中，张波总是音乐课上最活跃的那个学生，也是新歌在教室最开始传唱的那个人，更是新年晚会上少有的唱歌不跑调的同龄人。

二十岁那年，张波离开了建筑工地，走上了寻梦之路。他万万没想到，梦想与现实之间的距离会那么遥远。

张波瞒着家人来到一家音乐公司。由于从小就有良好的音乐细胞，他被公司留了下来。面试官给出的评价是：嗓音不错，有培养潜质。听了面试官的话，他开心得不得了，好像成功指日可待，其实一切才刚刚开始。

因为从来没有接触过音乐行业，张波做了三个月的实习生，他每天都梦想着成为一名职业歌手。实际上，他的日常工作更像一名助理。公司确实有不少有名的歌手，但是张波和他们相隔十万八千里。他经常做的事情就是帮某个上司买杯咖啡、取个快递或拿个机器。他开始有些慌了，什么时候他才能走到台上、登上荧屏，唱出自己喜欢的歌？

在公司待了半年，张波忍不住向上司吐露心声，表明自己想登台演唱。上司劝他不要心急，每个歌手都是这样一路走来的，将小事做好才能成就大事。他将信将疑地回到自己的座位上，暗暗地对自己说，不管付出多大努力，他一定要成为一名职业歌手。

成功之路往往不是一帆风顺的。张波日复一日地努力工作，别人不愿意做的苦活儿、累活儿他都坦然接受，但是有时候光努力是不够的，还得遇到一位好上司。在公司兢兢业业待了一年，张波又去找上司谈梦想，遗憾的是，上司认为他不能给公司带来高收益，再次拒绝他登台演唱的想法。后来同事偷偷告诉他，上司把本属于他的培养机会给了一个年轻姑娘。张波一气之下辞掉了工作，但是他没有放弃梦想，仍然坚信自己可以成为一名歌手。

辞职之后，他在家里休息了几天，又来到其他音乐公司面试。凭借一年的工作经验，他被新公司留了下来。新公司的工作量比之前大得多，但是他从来没有抱怨过。完成自己的工作后，他从不闲着，一有时间就向公司内的老师、大咖学习。久而久之，他学到了专业的演唱技巧，公司所有人都认识了他。

俗话说，“机会只会留给有准备的人”。张波的努力没有白费，他的坚持终于有了回报。两年前一次演唱会，他被选为伴唱歌手，一开口就惊艳全场。他谦虚地说，那首歌刚好是他最喜欢的一首，平日里不知唱了多少遍，没想到观众会这么激动。这是他第一次登上大型演唱舞台，不仅收获了第一批粉丝，还让上司刮目相看。演唱会结束后，公司为他重新制定了人才培养方案，甚至让他登台独唱。

现在，张波已经成为一名职业歌手，他的微博拥有几百万粉丝，为公司带来了巨额收益。为了嘉奖张波，公司送了他一辆价值百万的名车，还和他签了五年的音乐合同。

一次演唱会现场，张波遇到了前一家音乐公司的上司。他迈着有力的步伐走到前上司面前，微笑着说：“谢谢你给了我机会。”他告诉我，为了这一天，受再多的苦也值得。

听了张波的经历，我就像看了一部好电影。望着窗外那辆百万名车，我的内心五味杂陈，有震撼、激动，也有敬佩。

人生之旅犹如海上行舟，时而风平浪静，时而风起云涌。想要到达梦想的彼岸，必须经历无数挫折。如果它挡住你前行的道路，一定不要畏惧它，要坚定、勇敢地跨过去。你要明白，曲折的道路更能磨砺一个人的意志，让你懂得成功的不易。那些畏畏缩缩、止步不前的人，注定会是失败者，他们并不是败给了挫折，而是输给了自己。

别人生活的难，你应该看一看

生活到底有多艰难？一千个人心中有一千个答案。也许你还年轻，还在父母的遮阴下乘凉。但我要告诉你，总有一天你要“独上高楼，望尽天涯路”。如果明天就是这一天，你该如何面对？要是你还没准备好，不如看看别人生活的难。

林旋是我的大学同学，她虽然相貌平平，但是脸上一直挂着微笑。第一次看到她，我就觉得她浑身充满了正能量。大一新生报到会上，每个人都要到讲台上进行自我介绍，唯独她的自我介绍让人记忆犹新。

“我叫林旋，豹子头林冲的林，黑旋风李逵的旋，最喜欢读的书是《水浒传》……”她的话还没说完，台下的同学就都笑了。她的皮肤真的像李逵一样黑，有人大声地喊她“黑旋风”。可是她毫不在意，反而让我们多多指教。我不记得下一个登台自我介绍的人是谁，因为我还在取笑她的外号。如果不是辅导员出声维持秩序，我都没意识到这样做很不礼貌。教室内笑声戛然而止，我心中却萌生出一股敬意。敢于拿自己缺点取悦众人，需要多大的勇气？后来我才明白，她是何等的坚强。

林旋之所以让我难以忘却，还有一个重要原因是迟到。她几乎每节课都迟到，无数次因为迟到早退被老师扣掉平时的学分，大学四年挂了不少科。为了拿到毕业证，她花了大量精力补考。很长一段时间，我们都好奇她为什么总是迟到早退。直到大二的一天，众人的疑惑才解开了。

一个风雪交加的傍晚，我组织同学到校外聚餐。约定的时间已到，只有她一个人没来。我本想给她打电话，却发现她的手机已经关机。她的室友告诉我，她经常放别人鸽子。其他同学也开始议论起来，有人说她性格有问题、不合群；有人说她每天早出晚归不知道在干什么；还有人说她一件衣服穿了好几年，之所以那么黑是因为从来不洗澡……我让大家再耐心等一会儿，可是足足等了半个小时，她都没有出现。我心中埋怨着她，不满地叫服务员给我们上菜。

北方的冬夜格外寒冷，食物的热气如浪潮般扑向玻璃窗，化作一层薄雾。窗外大雪纷飞，街上灯火辉煌，时不时传来行人踱步在雪上的嘎吱声，那些声音在我耳中就像一个个音符。这场聚餐一直持续到晚上十点，好在还能赶上回学校的末班车。我们在街头等了一会儿，公交车停靠在身旁，车灯照亮了前行的路。我看到车尾有个空座，便径直走了过去，在一位同学身边坐下。

转身望向窗外的一刹那，我惊讶地叫了出来，林旋竟然坐在我旁边。我确信她没有在聚餐时露面，但是此刻她的确在车上。随着我一声惊呼，其他同学纷纷转过身来，几十双眼睛齐刷刷望向我们。

我问她为什么会在这里，她缓缓低下头，双手将怀中的破布包揉成一团，就像犯了错的孩子。沉默了几秒后，她告诉我她是从歌舞厅那边过来的。我抱怨说大家等了她很久，指责她有时间去歌舞厅潇洒，没时间参加同学聚餐。她竟然理直气壮地瞪了我一眼，大声说没去潇洒。我气愤地问她："没去潇洒为什么脸上浓妆艳抹，难道在和男朋友约会？"她似乎委屈到了极点，哽咽着说她只是在那里做服务员。

看着她失声痛哭，同学们逐渐安静下来。我轻轻拍着她的背，问她究竟是怎么回事。林旋告诉我们，她的母亲一年前出了车祸，现在还卧病在床。最困难的时候，她的父亲离家出走，留下了她和七岁大的弟弟。为了给母亲治病，家里花光了所有积蓄。她想多赚点儿钱补贴家用，所以晚上到歌舞厅当服务员。

后来我才明白，林旋每天早出晚归，只是为了补贴家用。她不来聚餐，是因为正在拼命工作。她一件衣服穿好几年，只是为了省钱供弟弟上学。

我疑惑地问她为什么不去评选贫困生。她笑着告诉我，本来想上台竞选，但是没想到有的同学比她还困难。听了她的话，好几个同学羞愧地低下了高昂的头。我知道他们为什么羞愧，因为有一些人谎报家庭情况。明明家庭条件很好，却拿着伪造的贫困证明在台上哭爹喊娘，领取本不属于自己的昧心钱。我叮嘱她下次选贫困生一定要上台，她却一口回绝了，笑着说她可是“黑旋风”，自己有能力赚钱。而且她觉得这样挺好的，每天时间都很紧凑，日子过得特别充实。

我从未料到她的生活如此艰难，而她又是如此的坚强和倔强。当我们一行人把酒言欢时，她或许正在努力工作，又或许默默地行走在冬夜的冷风中。我不止一次回想起在餐馆内听到的窗外的脚步声。我知道那是一个个音符，但它不属于室内的我们，属于每一个在艰难中拼搏的人。每个人的人生都会有至暗时刻，你根本无法预测它何时到来，但是你可以选择如何面对。只要你有勇气去拼搏，就能够在苦中作乐。

可可是我邻居家的孩子，初中毕业后就辍学了。父母觉得他年纪轻轻，就算不上学也应该学一门手艺，送他去舅舅的理发店学理发。可是不到一个月，舅舅就给家里打来了电话。舅舅抱怨可可太难管教，成天抱着手机不干活儿，早上不起晚上不睡，给客人染头发，染着染着就睡着了。无奈之下，母亲把他接回了家。他还是成天抱着手机玩游戏，在父母的陪伴下过着无忧无虑的生活。

可可母亲说，她儿子很让人头疼，每天躺在床上好吃懒做，像个王爷似的衣来伸手饭来张口。我给她讲了我的同学林旋的故事，并且认真告诉她，现在的小孩儿从小娇生惯养，父母几乎把一切包办了，实际上是害了他。应该让他独自磨炼一番，好好体验生活的艰辛，否则永远都长不大。听了我的话，可可母亲点头同意，决定让儿子到朋友小李的饭店学厨师。

在饭店后厨，可可从削土豆学起，一整天要削几百个土豆。

小李用手机录下可可干活儿的视频，可可母亲看了之后很心酸，觉得让 15 岁的儿子干这种苦活儿有点儿残忍。小李告诉她，他学厨师时也是从这些苦活儿、累活儿开始的，刚开始手慢完不成任务，老板都不让他吃饭。他给可可定下每日目标，目的是让他肩上有点儿压力，不想让他有混日子的心理。

三个月后，可可放假回家，家人发现他变了——衣服脏了他懂得自己去洗，吃饭也不再挑食。可可母亲来到我家，兴奋地说她的儿子懂事了，多亏我当时和她说的那些话。

我说，他只是体验到一个人生活的不易。没有父母的细心呵护，他只能依靠自己，尝试洗衣挑水，逐渐克服重重困难。

人不可能一辈子待在温室，总有一天我们要脱离父母的怀抱，独自面对人生的风风雨雨。生活本身遍布艰辛，只有经历过磨难，才会懂得美好时光来之不易。

而且那些成功人士，往往都要饱经沧桑，体验无数次的失败。想要拥有更好的未来，直面生活中的困难是必经之路。

趁年轻，去体验一下生活的苦吧！流着泪去播种，最后一定会笑着收获。

所有打不倒你的，都将成全更好的你

尼采有一句名言——“但凡不能杀死你的，必将使你更加强大。”

我曾在历史书上读过这句话，但是很长一段时间都无法理解它的含义。工作几年后，我才隐约读懂它的深层含义。

小美是我的老乡，从大专毕业，想找一份好工作很不容易。五年前，一家影视公司到她的学校校招。小美学过一些简单的剪辑软件技术，决定试一试，投递了自己的简历。面试官告诉她，公司本来不接收研究生以下的学历，但是看她态度诚恳，破例给了一次机会。

小美很兴奋，因为面试官承诺底薪5000。在她所在的这个小县城，已经算是高薪。可是她不知道，面试官口中的“破例”是普遍现象。影视公司最近接了一个大项目，急需大量剪辑师对原素材进行粗剪。为了缩减人力成本，公司专门到专科院校招聘，因为这样可以获得很多廉价劳动力。

在公司眼中，小美就是为解燃眉之急请来的临时工。一旦公司业务不忙，她就变得可有可无。可是小美认为，只要自己3个月试用期通过，就能成为正式员工。

理想很丰满，现实却很骨感。小美入职后发现，在学校学到的技能太过肤浅，难以应对影视公司的后期工作。她带着求学心态请教上司，却遭到无情嘲笑。其实上司早就知道，公司留下她的可能性很小，所以从不正眼瞧她，还经常安排一些杂活儿让她做。

小美又向身边的同事请教。同事发了一个网站，告诉她上面有工作软件的视频教程，让她自己去看。她想尽快掌握工作技能，因此每天下班回家都学习到深夜。

学习是一件很辛苦的事，很多时候只靠自己是不够的。视频教程中有很多专业术语，她无法理解，大晚上又无人可问，只能等到第二天请教同事。同事觉得她很烦，一天到晚打扰别人工作，很快就没了耐心，让她自己上网查。小美有抱怨只能憋在心里，因为同事确实没有免费教她的义务。

月末审核很快就到了，小美是整个小组业绩最差的，上司当着众人的面指责她工作不认真，警告说再这样下去她会被公司辞退。

小美知道仅靠自学是很难有显著进步的，她必须比之前更努力，于是她报了一个培训班。每天下班后，她都风雨无阻地去上课。周六周日她也安排得满满当当，一刻都不敢懈怠。

一个月后，新一轮审核到来，小美的业绩比前一个月好了一些，但是并没有人关注。在同事眼里，她还是那个什么都不懂，整天提问的麻烦新人；在上司眼里，她还是那个只能打打下手的小喽啰，只不过这个月稍微努力了一点儿，暂时迈入安全区。可是小美认为这一段时间过得很充实，上司安排的工作她逐渐可以轻松应对，培训班的学习也很有收获，对公司的剪辑软件有了更全面的了解。

一天下午，上司又给小美派了一些杂活儿，主要负责音频文件的分类。当她处理完这些杂活儿后，上司惊讶得喊出声，夸她工作速度非常快。小美笑着说，她经常做这些，发现其中有一些规律，找到方法就能高效完成。上司对她刮目相看，又给她派了一些后期工作，没想到她也快速完成了。上司担心她在糊弄事儿，亲自检查视频中添加的特效，结果没有发现任何问题。上司称赞小美进步飞快，逐渐让她做一些复杂的工作，她都能完成得很好。

试用期结束了，人事主管告诉小美，她的勤奋努力大家都看在眼里，公司打算让她担任特效组组长。据说上司特意把她推荐给总经理，称她能力很强。

小美跟我说，她早就知道上司不是很看重她，也知道同事看不起她，但是还是坚持努力。因为在她眼里，这些磨难就像一次次历练，只要她不被打倒，就有成功的希望。

人生又何尝不是这样，逆境往往能让人成长得更快。就像孟子所说的："天将降大任于斯人也，必先苦其心志，劳其筋骨……所以动心忍性，曾益其所不能。"我始终坚信，所做的任何事情都不会白做。只要付出就会有回报，有些时候这种回报并不明显，它可能是换了一种方式。

工作一年后，上司让我撰写文章。我自信满满地上交稿件，结果被退了回来。原因是客户不满意，认为文章写得太生硬，说我没有彻底理解资料。我认真修改了一遍，再次发给客户，很快又被打回来。修改意见说，文章生搬硬套，需要再做修改。

我又耐心加以改进，没想到还是不行，说我逻辑不够清晰。

俗话说："事不过三。"我当时觉得文章已经写得很好了，改了一遍又一遍，可是客户就是不满意。我向上司抱怨客户难伺候，指责他们什么都不懂。上司却说，我应该感谢客户的"斤斤计较"，因为它能成全更好的我，让我的文章趋于完美。最终，那篇文章改了六遍。我后来成为公司的主笔，写作水平就是在一次次修改中提高的。

回首过去，我逐渐意识到上司是正确的。那些困扰我们的人和事，其实是无数次人生考验。我们不能被它们吓倒，而是应该选择勇敢面对，试着让自己变得更强。一个内心强大的人，不会惧怕任何风霜雨雪，在他们眼里，逆境亦是顺境。

人生又何尝不是这样？前路漫漫，总会有无数未知难题困扰每一个人。如果你被它们吓倒，就只能沦为弱者。如果你能迎难而上，认真做好你能做的每一件事，就会变得更强。那些打不倒你的，都将成全更好的你。

谁都想一夜成名，但这真急不来

前一段时间，我到外地出差，结识了画家清水。她只有十九岁，却能画出生动秀美的山水画。我猜想她一定有一段传奇的故事，她却谦虚地说自己的往事不值一提。在我再三追问之下，清水终于肯透露她的过去。

清水说，她之所以能有今天的成就，是因为自己不心急。

小时候，清水总喜欢用彩笔在家里乱画，墙上到处都是她的涂鸦，爸爸为此没少揍她。妈妈却认为，女儿可能有这方面的天赋，就将清水送去绘画班学习。果不其然，她一到绘画班就爱上了画画。老师传授的绘画技巧，清水一学就会。老师布置的绘画作业，她放学回家后总是第一时间完成。由于从小勤奋刻苦，清水的绘画作品越来越传神。

初三那年，妈妈给清水报名了县里的书画比赛。她意外地获得了一等奖。

站在颁奖台上，清水误以为自己的绘画水平非常高超，萌生了参加全国性绘画大赛的想法。妈妈告诉她，不要心急，人外有人天外有天。但是清水不信，抱着爸爸的胳膊，嚷嚷着要到北京参加比赛。清水爸爸最终顺从了女儿，买了两张机票陪着她来到北京参赛。比赛结束后，清水的绘画作品落选了，她感到前所未有的失落和挫败。

回到家之后，清水将自己锁在卧室，抱着被子号啕大哭。她没有料到自己连个优秀奖都拿不到，想起在妈妈面前夸下海口的样子，她狠狠地抽了自己一个耳光。清水说，她第一次明白原来自己是一只“井底之蛙”，稍微取得一丁点儿成绩就变得不可一世，还幻想着在全国大赛上一战成名，简直是痴人说梦。后来爸爸告诉她，心急吃不了热豆腐，高楼是一层一层慢慢搭起来的。只有不断学习、不断积累，才能攀登上成功的高峰。

经过这次失败，清水彻底明白什么叫“强中自有强中手”。那些能在全国大赛上获奖的选手，哪个没有真才实学？想要追赶他们、超越他们，必须继续提高自己。考上高中后，清水加入了校文艺社，认识了许多画画比她厉害的同学。她谦虚地向这些同学学习，逐渐意识到画画并不简单。同样一朵花，有的同学能把花瓣上的纹路画得一清二楚，有的同学只是“照葫芦画瓢”，没有让人眼前一亮的地方。高一寒假期间，清水早早地将寒假作业完成，向父母提出继续学画的请求。清水妈妈很重视女儿的兴趣培养，把她介绍给一位姓王的书画大家。

王老先生一见到清水，就给她出了一个难题：从众多国画题材中选出自己擅长的一种。清水以前画的东西都是一些简单的水彩画，基本上没接触过国画，一下子就被问蒙了。她诚实地说自己从来没有学习过国画。

没想到王老先生一点儿也不怪她，反而耐心地介绍国画的基本情况，让她选择自己喜欢的一种。清水按照个人兴趣选择了山水画，并且跟着王老先生认真学习。

她以为有了名师的指导，山水画就像水彩画一样易学。没想到第一节课，她就知道了自己的肤浅。王老先生拿出一张黄山云海图，只给清水看了一眼，然后让她把脑海中的黄山云海画出来。结果很容易猜到，清水根本无从下笔。可是王老先生的画笔洋洋洒洒，没多久就将黄山云海画了出来。

王老先生告诉清水，他花了十几年时间才知道如何画山，这张图上的每一颗石子画了几千遍。想要画出一幅好画，不能操之过急，量的积累够了才会有质的飞跃。听了王老先生的话，清水满脸的怀疑，她不敢想象一颗石头画几千遍需要多大的毅力。她也没有想到，画石头是如此的艰难。

在王老先生的画室，清水整整半年时间都在学习怎么画石头，常常同一块石头要画几百遍。她刚开始觉得枯燥无聊，后来逐渐发现从不同角度画石头可以有不同的效果，而且墨色的轻重、落笔的方向都能影响石头的成形。清水高兴地把这个发现告诉了王老先生，王老先生却平淡地说："这才刚刚入门。"

清水又在画室画了一年石头，王老先生才肯教她画水，并且再三强调水是动态景，比山石更难刻画，让她做好心理准备。清水说，大不了再画两年，只要能将山水画学好就是值得的。接下来几年，清水认认真真完成每一幅画，稍有不满意就重新来过。十八岁那年，她完成了第一幅黄山云海图，获得了全国大赛的第一名。登上领奖台的那一刻，她激动得哭了，回忆起四年来游走于笔下的成千上万幅山石流水，她觉得一切都是值得的。

清水告诉我，不心急，就是她的成功之道。这三个字听起来云淡风轻，实际上却无比厚重。

很多人幻想着一夜成名，但是它发生的概率太小了，就像买彩票中头奖一样，几千万个人中只能有一个。而且那些一夜成名的人，他们成功的背后往往隐藏着不为人知的努力，却没有多少人能够注意到。

在这个快节奏的时代，人们很容易浮躁起来，其实这是成功的大忌。莫言说：“当你的才华还撑不起你的野心的时候，你就应该静下心来学习。”我觉得，就是这个道理。

即使生活糟透了，也能靠坚强走下去

有人说："生活是否美好，取决于你的心。心之所向，身之所往。"

生活本身如何，其实并不重要，重要的是，你如何看待它。心有阳光，则春暖花开；心有乌云，则阴雨连绵。心有蓝天，则晴空万里；心有寒风，则冰冻千尺。同样半杯水，乐者喜，愁者悲，向来如此。

身边总有人向我抱怨生活如何不如意。我告诉他们，人生不如意之事十之八九，与其毫无意义地诉苦，不如咬紧牙关坚强面对。更何况，比你不如意的人还比你坚强。

三年前我收到一位读者的来信，拿到信封之后，我的第一反应是："这是谁家小孩子的恶作剧？"

自我走上写作之路起，收到过无数封来信，从未见过如此脏、乱、差的：正反面布满了黑色的污渍，邮票歪歪斜斜地贴在右上角，信封上的字迹异常潦草，看起来就像刚刚学写字的小学生。仔细辨识之后，我终于确定，寄信人是吉林省的一位赵姓读者。

秉着对读者的尊重，我缓缓拆开信封，取出里面厚厚的一摞纸，感觉至少有十几页。心想：这大概是有史以来我收到的最厚的读者信。我满怀期待地抚平褶皱，小心翼翼地放在写字台上，聚精会神地读了起来。

“您好，我亨（很）喜欢看您的文章。最近刚刚学会写字，就破（迫）不及待的（地）想要和您交流。”

读完开头两句话，我情不自禁地笑了。看着错字频频的句子，心里想，看来真是个刚学写字的小孩子。我摇着头自嘲道：小茶啊小茶，你是有多受欢迎，就连小学生都是你的粉丝。我快速向下扫了几眼，整整一页信纸，爬满了杂乱的文字，全篇也没几个标点。从第三页开始笔迹不见了，取而代之的是一张张油画，不知道画的是什么。

将画放到一旁，我继续阅读这位“小学生”的来信。

后面写道：“你知道吗？我不止一次想要自尽，但是被好心人救了下来……”

望着触目惊心的语句，我的内心掀起一阵波澜。现在的小学生都这样了吗？一言不合就寻短见？读着读着，我发现自己判断错了，来信之人根本不是小学生，而是一个年轻姑娘。信上的落款显示，她叫小茹。

小茹芳龄二十二，母亲托人给她说了好几次媒，每一次都以男方看不上她而告终。小茹在信中埋怨，这一切都要怪自己的妈妈。

小茹三岁时，妈妈带她搭乘长途客车走亲戚。看到窗外有蝴蝶飞舞，她将双臂伸了出去。这时一辆大卡车从旁边飞驰而过，妈妈忙着和人聊天疏于照看，小茹不幸失去了双臂。小茹爸爸一气之下离开了家，妈妈艰难地将女儿拉扯大，只求能给她找个好人家。可惜事与愿违，附近几个村子没有人愿意迎娶小茹。很多村民在背后说，她是个累赘。

极度悲伤的小茹有了轻生的念头，一个人来到公园湖畔打算自尽，被路过的一位年轻作家救下。他想要送小茹回家，可是小茹不肯说出地址。作家担心小茹还会想不开，就把她先安置在了自己的家中。听了小茹的遭遇后，作家耐心地开导她，告诉她不要轻易放弃自己的生命，否则就是对自己和家人的不尊重……

小茹没上过学，但是她觉得作家说出来的话很有说服力，放弃了轻生的念头。第二天，作家送小茹回家，临行前拿出一本励志故事书送给她。

小茹哭笑不得地说："你觉得我这样子还能看书吗？"

作家告诉她，失去双臂并不可怕，可怕的是失去生活的勇气。只要心还活着，即使生活糟糕透了，也能坚强地走下去。

小茹本想说自己不识字，最终没有说出口。听了作家的话，她感到灵魂深处有一股力量，令她空前强大。回到家之后，她看着床上那本励志故事书，一时间不知怎么办。但是她并没有放弃，最终做了一个惊人的决定：学习用脚写字。

读到这里，我恍然大悟，原来这封信竟是她用脚写的！

纸上的文字明明异常潦草，此刻却似无数钢针刺入我的心房。我的双手也跟着颤抖起来，再也握不住手中的信。望着散落在地面的信和画，我忽然觉得无比羞愧，因为刚才我还在取笑她是小学生。我在原地静立了许久，像是为几分钟前的自己赎罪。那些锋利有力的笔迹，分明是一幅书法，它大声地告诉我什么是坚强。

我深呼一口气，弯下腰，缓缓将地上的沉重捡起。然后告诉自己，必须把它读完。

小茹说，她刚开始连笔杆都握不紧，不止一次被笔尖刺到双脚。好不容易将笔放到脚趾间，稍微一用力又滑了出去。不知反复尝试了多少次，她终于在宣纸上写出“坚强”二字，然后兴冲冲地让母亲送到作家手中。作家知道小茹重拾希望非常开心，用心将那幅字装裱起来，悬挂在他的书房。

信的最后一段，小茹告诉我她已经认识了两千多个汉字，不过能用脚写出来的只有几百个。她还说非常喜欢我写下的励志故事，为我画了一幅肖像画，由于信封比较小，她把油画裁成了十二张。

我激动地将十二张画摆放在床上，玩起了拼图游戏。虽然成品和我不太相像，但我觉得它的价值不亚于凡·高的名画。

去年元宵节，我坐火车去看望小茹。她比我想象中的还要瘦弱，乍一看像个初中生。她告诉我，小时候家里穷吃不起好的，导致现在发育不良。我感到非常心酸，不忍心再揭她的伤疤，转而问她字写得怎么样了。小茹激动地跳了起来，她说她已经熟练掌握三千多个汉字，在好心人的帮助下举办了几次作品展，大家很喜欢她写的字。我默默地替她高兴，夸她是个坚强励志的姑娘。小茹对我说，她很喜欢普希金的《假如生活欺骗了你》，相信快乐的日子终将会来临。

很多人因为一点点小挫折就心灰意冷，认为整个世界都在和自己作对。其实挫折又何尝不是一种考验？如果你能像小茹一样坚强，就算生活糟糕透了又何妨？

很多四肢健全的人过得并不快乐，不是因为生活太过艰辛，而是因为自己内心不够强大。只要你心中充满希望，到处都是鸟语花香。

婚姻失败了没关系，你还有事业

思想传统的女人对婚姻一直有个错误的认知，她们认为婚姻是自己生活的保障，只要结了婚，未来就有人疼，老了就有人养，会幸福快乐地度过一辈子。可是，结婚以后才发现，现实中的婚姻生活和自己理想的婚姻生活完全是两码事。

小米大学毕业没多久就和男朋友进入了婚姻殿堂，做了全职太太。蜜月回来后，她约我一起吃饭。见她神采奕奕，肤白貌美，满脸都是幸福的模样，我羡慕不已。

我对她说："真羡慕你，有个爱自己的丈夫，每天在温馨的家里享受着公主一样的生活，哪像我们这些上班族，每天过着朝九晚五的忙碌生活。"

小米羞涩地说："不用工作的我，现在生活的全部是我的老公和家。"

可是过了不到一年，再次见到她，我大吃一惊，她老了许多，脸上也没有了当初幸福的笑容，皮肤暗黄，穿着邋遢，看着像一个失魂落魄的中年妇女。

她不停地问我："小梅，我该怎么办呀，大明跟我提出了离婚，他外面有了别的女人……"说着说着号啕大哭起来。

我一边安慰她，一边问清事情的原委。原来结婚以后，小米生活得并不如意，每天在担心和焦虑中度过。由于没有工作，每天围着老公转，一心一意地侍候公婆，生活的重心全在家庭。就这样每天过着相同的生活，不注重自身的提高，渐渐地被丈夫嫌弃、忽视。她老公每天下班回家后，小米对他说的最多的话是"回来了，赶紧洗手吃饭，我今天给你做了你最爱吃的……"除了这些嘘寒问暖的话，她和丈夫无其他话题可聊，他们俩之间的关系渐渐地疏远了。

对于这样的婚姻生活，小米开始不安起来。当丈夫回家晚一点儿，总是去质问他是不是外面有别的女人，夫妻俩天天吵架。

后来，她发现丈夫在外面有了别的女人，她让丈夫和她断决关系，但丈夫反而和她提出了离婚。

就这样，小米当初认为坚不可摧的婚姻还是走到了尽头，失去了婚姻的她，仿佛失去了整个世界，每天过着像死尸一样的生活，把自己关在房间，每天抱头大睡，不见任何人，以这样的状态生活了大半年。某个晚上，当小米站在阳台上准备跳下去的时候，她发现她不敢死，怕疼，就突然想通了，比起死，她更想要好好地活下去。

小米花了一个月的时间调整状态，去旅游、散心，将所有痛苦的回忆都当垃圾丢掉，回来以最好的状态生活。

度假回来的她，将所有的精力都投入到了工作中。因为长时间和职场脱节，没有过多的工作经验，最终找了一份会计助理的工作。她不断学习，努力提升自己的工作能力，从会计助理晋升到了现在的财务主管。

现在的小米状态很好，完全是一个精干的职场女人。她的工作干得风生水起，工作之余，也经常去护肤、游泳、健身、练舞、逛街、旅游，等等。她之前那些为情所困、为爱所伤的日子已经过去了。

遇到一段不幸福的婚姻，离婚是正确的。但是离婚以后，自己要比之前过得更好，不要破罐子破摔，婚姻没了，还有事业。爱的时候轰轰烈烈，断的时候要毅然决绝，要知道你只是失去了一个人，而不是整个世界。

能快速结束糟糕的婚姻的人都是有能力拥有幸福的人，她们不会因为结束了一段不幸福的婚姻而怀疑自己，不会把生活中所有的希望寄托在一个已经离自己而去的人身上。就算被伤过，抛弃过，她们也会很快找到自我，重塑自己的价值。

婚姻失败了，还有其他有意义的事情需要你去做，找回属于你自己的那份快乐，坚强地走下去。